luojigaoshou

逻辑高手

李翠香／著

教你正确分析解决技巧
和快速切换思考方式

STRATEGY

北京联合出版公司
Beijing United Publishing Co.,Ltd.

图书在版编目（CIP）数据

逻辑高手：教你正确分析解决技巧和快速切换思考

方式 / 李翠香著 . — 北京：北京联合出版公司，

2019.9

ISBN 978-7-5596-3472-6

Ⅰ . ①逻… Ⅱ . ①李… Ⅲ . ①逻辑学—通俗读物

Ⅳ . ① B81-49

中国版本图书馆 CIP 数据核字（2019）第 154178 号

逻辑高手：教你正确分析解决技巧和快速切换思考方式

著　　者：李翠香

责任编辑：李　红　徐　樟

封面设计：韩立强

美术编辑：潘　松

北京联合出版公司出版

（北京市西城区德外大街83号楼9层 100088）

北京市松源印刷有限公司印刷　新华书店经销

字数180千字　　880毫米×1230毫米　1/32　8印张

2019年9月第1版　2020年8月第4次印刷

ISBN 978-7-5596-3472-6

定价：36.00元

生活中，逻辑无处不在。工作、生活中处处可见逻辑的影子。逻辑是所有学科的基础，无论你想学习哪门专业，要想学得好、学得快，都要有较强的逻辑思维能力。

现今社会，逻辑能力越来越被人重视，一个很重要的原因就是逻辑能力强的人思维极其活跃，应变能力、创新能力、分析能力甚至领导能力在某种程度上都高于他人。拥有这样能力的人，无论是在学习、生活中，还是工作中，都能有卓越的表现。

一般来说，每个人的逻辑思维能力都不是一成不变的，它是个永远也挖不完的宝藏，只要懂得基本的规则与技巧，再加上适当的科学训练，每个人的逻辑能力都能获得很大的提升。

本书介绍了逻辑学的基本原理和相关技巧，从逻辑的概念、类型，到论证方法，再到基本规律，把看似枯燥难懂的内容，以贴近生活、通俗易懂的方式讲述得明明白白。向读者提供各种思考问题的方式和角度，构建全方位的视角，为各种问题的解决和思考维度的延伸提供了行之有效的指导。

当你跟着本书的指引，通过认真思考和仔细观察，成功地解决了问题之后，你会欣喜地发现，那些拥有卓绝成就的人所具备的超凡思维能力，并不是遥不可及的。通过对本书的阅读，你可以冲破思维定式，试着从不同的角度思考问题，不断地进行逆向思维，换位思考，运用从本书中学到的各种逻辑思维方法，能够帮助你成功破解各种难题，让你全面开发思维潜能，成长为社会精英和时代强者。

本书既可作为提升逻辑力的训练教程，也可作为开发大脑潜能的工具书。不同年龄、不同职业的人，都可以从这本书中获得深刻的启示。阅读本书，能让你思维更缜密，观察更敏锐，想象更丰富，做事更理性。

目 录
CONTENTS

第一章 概念：不只贴标签那么简单

第一节 开篇话〝概念〞 / 2

第二节 白马是不是马——弄清概念的内涵和外延 / 5

第三节 直接吃第五个馒头就行了——概念的划分 / 14

第四节 和旧裤子一样的新裤子——混淆概念还是偷换概念 / 21

第五节 媒婆说媒的惯用伎俩——不可忽视歧义的存在 / 25

第二章 命题：愿你看穿那些真真假假

第一节 开篇话〝命题〞 / 34

第二节 邻居的儿子就像偷斧子的人——真真假假的直言命题 / 38

第三节 是否需要付诊金——钻漏洞的选言命题 / 43

第四节 骗子与皇帝的新装——存在陷阱的假言命题 / 47

第五节 獐的旁边是鹿，鹿的旁边是獐——机智的关系命题 / 54

第三章 推理：真相永远只有一个

第一节 开篇话〝推理〞 / 62

第二节　该来的没来，不该走的走了——三段论推理 / 74

第三节　不是所有产品都能试用——归纳推理 / 80

第四节　不以出身论英雄——类比推理 / 96

第五节　不死药管不管用——巧用二难推理 / 105

第四章　规律：防不胜防的"神"逻辑

第一节　开篇话"规律" / 116

第二节　"十里桃花"骗来李白——妙用同一律 / 120

第三节　关羽也爱戴高帽——矛盾律揭露本质 / 127

第四节　非死即生也能脱困——善用排中律 / 133

第五节　你还打你的父亲吗——警惕复杂问语 / 140

第六节　曹刿论战的依据——运用充足理由律 / 146

第七节　邹忌劝齐王纳谏——逻辑论证思维 / 153

第五章　悖论：上帝也有办不到的事

第一节　开篇话"悖论" / 186

第二节　阿基里斯与龟——芝诺悖论 / 192

第三节　我正在说的这句话是谎话——说谎者悖论 / 194

第四节　理发师的招牌——罗素悖论 / 197

第五节　康德的梦——二律背反 / 199

第六节　聪明的母亲——鳄鱼悖论 / 201

第七节　所有的乌鸦都是白的——渡鸦悖论 / 203

第八节　上帝举不起的石头——全能悖论 / 205

第六章 谬误：人生处处有陷阱 ▄

第一节 开篇话"谬误" / 208

第二节 假乞丐乞讨——诉诸怜悯 / 217

第三节 会一直赢下去——赌徒谬误 / 220

第四节 明星代言——诉诸权威 / 225

第五节 对人不对事——诉诸人身 / 227

第六节 大家都这样——诉诸众人 / 231

第七节 登徒子好色吗——不相干论证 / 235

第八节 《圣经》证实神的存在——循环论证 / 239

第九节 一言兴邦，一言丧邦——错误引用 / 243

Chapter 1

概念：

不只贴标签那么简单

第一节 开篇话"概念"

从逻辑学的角度讲，概念是一种思维形式，是逻辑学首先需要研究的对象。概念都具内涵和外延。概念是主观性与客观性、共性与个性、抽象性与具体性的统一。

概念的含义

曾经有一个学生问古希腊哲学家柏拉图："人是什么？"柏拉图认真思考后，回答说："人是靠两条腿走路的，所以人是两脚直立的动物。"这个学生就拿来了一只鸡，问柏拉图："那么这也是人吗？"鸡也是两脚直立的动物，却不是人，显然柏拉图的说法不准确，他连忙弥补："确切地说，人是没有羽毛、两脚直立的动物。"调皮的学生把鸡身上的毛拔光，问柏拉图："这只没有毛的鸡，就是您所说的人吗？"这下柏拉图无言以对。于是，学生就把这只没有羽毛的鸡称作"柏拉图的人"。

上面所讲故事中，柏拉图关于"人"的概念并没有反映出"人"的本质属性，只是指出了一些外在形式上的区别，所以被学生指出了纰漏，受到了嘲笑。

概念是人们在认识事物的过程中，针对"这种事物是什么"所给出的答案。通常人们认为，概念是反映对象的本质属性的思维形式。而且，它所反映的是一切能被思考的事物。比如，日、月、山、河、雨、雪等自然现象；商品、货币、生产力、国家、制度等社会现象；心理、意识、思想、思维、感觉等精神现象；鬼、神仙、上帝、佛等虚幻现象……这些事物虽然属于不同的现象和领域，但是都是能够被思考的事物，所以都可以反映为概念。

要想真正理解概念的含义，一定要特别注意"本质属性"四个字。因为事物的属性有本质属性和非本质属性之分。本质属性是指决定该事物之所以成为该事物并区别于其他事物的属性，是对事物本质的反映。非本质属性就是指对该事物没有决定意义的属性。既然概念是对事物的本质属性的反映，那么非本质属性的反映就不是概念。比如"雪"的概念：雪是由冰晶聚合而形成的固态降水，"固态降水"就反映了"雪"的本质属性，而"雪"是一种在冬天飘落的白色的、轻盈的、漂亮的像花一样的东西，这句话虽然从时间、颜色、重量、形状各方面都对其进行了描述，但都是关于它非本质属性的描述，并没有反映出决定"雪"之所以为"雪"的本质属性，所以不能成为概念。

概念的形成过程

概念的形成过程就是人的认识不断加深的过程。人对事物的认识首先是感性认识，即在实践过程中，通过眼、耳、鼻、舌等感官直接接触客观外界而在头脑中形成的印象。感性认识是对各种事物的表面的认识，一般都是非本质属性的认识，如柏拉图对"人"的定义便是感性认识。在感性认识的基础上，通过分析、综合、抽象、概括等方法对感性材料进行加工，从而把握事物的本质，才会形成理性的认识。理性认识就是对事物本质规律和内在联系的认识，具有抽象性、间接性、普遍性。理性认识是认识的高级阶段，概念一般也是在人的认识达到理性认识阶段的时候才得以形成的。在对"人"的定义上，便十分鲜明地显示了人们的认识逐渐深入的过程。

　　无名氏：人是会笑的动物。

　　柏拉图：没有羽毛的两脚直立的动物。

　　亚里士多德：人是城邦的动物。

　　荀子：人之所以为人者，非特以二足而无毛也，以其有辩也。

　　马克思：人是一切社会关系的总和。

　　《现代汉语词典》：能制造工具并使用工具进行劳动的高等动物。

　　张荣寰：人的本质即人的根本是人格，人是具有人格（由身体生命、心灵本我构成）的时空及其生物圈的真主人。

　　从"人"的定义的演变过程来看，概念的形成过程便是人从感性认识逐渐上升至理性认识，从对事物的非本质属性到本质属性认识的过程。

第二节　白马是不是马——弄清概念的内涵和外延

概念的内涵和外延是概念的两个基本特征，其关系就如同语法规则和具体的语言表达的关系：语法规定并制约着具体的语言表达，同时语法规则的变化也影响着具体的语言表达；而语言表达也反过来影响并丰富着语法规则。概念的内涵和外延的关系便是这样的相互依存又互相制约的关系。

概念的内涵和外延

战国时期有一座城，城主下令马匹不得出城。当时名家代表人物公孙龙正好在城中，他牵着一匹白马正要出城。当守城的士兵说出"马匹一概不得出城"后，公孙龙发表了著名的《白马论》，来论证"白马不是马"的命题。

公孙龙认为：其一，"马"的内涵是一种哺乳类动物，"白"的内涵是一种颜色，而"白马"则是一种动物和一种颜色的结合体。"马""白""白马"三者内涵的不同证明了"白马不是马"。其二，"马"的外延指一切马，与颜色无关；"白马"的外延仅指白色的马，其他颜色则不行。从"马"和"白马"概念外延的不同，论证了"白马不是马"。其三，"马"的共相是指一切马的本质属性，与颜色无关；"白马"的共相除了马的本质属性外，还包括了颜色。公孙龙意在通过说明"马"与"白马"在共相上的差别来论证"白马不是马"。

最终，公孙龙成功说服了守城士兵，牵着白马出城去了。

上面故事中的公孙龙在论证"白马不是马"时，割裂了一般和个别、共性和个性的关系，并进一步夸大了这种区别，形而上学地从根本上否认"白马"是"马"，这就违背了客观实际，属于诡辩。

需要指出的是，客观存在的本质属性与概念的内涵是两个概念，不能等同起来。因为概念的内涵是被反映到主观思维中的概念的含义，而不再是客观存在的本质属性。简单地说，就是如果客观存在的本质属性是镜子外面的事物，那么概念的内涵就是镜子外面的事物反映到镜子里的那个影像。被镜子反映的事物和镜子里的那个影像是两个层次的事物，被反映的对象和反映在头脑中的概念也是两个不同的层次。

概念的外延是指具有概念所反映的本质属性的所有事物，也就是概念的适用范围。概念的内涵是从概念的"质"的方面来说的，它表明概念反映的"是什么"；概念的外延是从概念的"量"上来说的，它表明概念反映的是"有什么"，即概念都适用于哪些范围。

通俗地讲，概念的外延就是这个概念所包括的子类或分子。因为概念的外延有时候涵盖的范围是非常广泛的，对这些范围中的事物进行归类，就可以得到一个个的"子类"，而"子类"中具体的对象就是"分子"。比如"学生"这个概念的外延是指所有学生，包括研究生、大学生、中学生、小学生等各个"子类"，而这个"子类"中具体的学生就是"分子"。如果一个概念反映的是不包括任何实际存在的"子类"或"分子"，这个概念就是虚概念或空概念。比如"鬼""圆的方"等概念反映的对象在现实世界是不存在的，所以这些都是空概念。

1938年，针对希特勒在德国的独裁统治，喜剧大师卓别林以此为题材写出了喜剧电影剧本《独裁者》，对希特勒进行了辛辣的讽刺。但是，就在电影将要开机拍摄之际，美国派拉蒙电影公司的人却声称："理查德·哈定·戴维斯曾写过一出名字叫作《独裁者》的闹剧，所以他们对这名字拥有版权。"卓别林派人跟他们多次交涉无果，最后只好亲自登门去和他们商谈。最后，派拉蒙公司声称：他们可以以2.5万美元的价格将"独裁者"这个名字转让给卓别林，否则就要诉诸法律。面对对方的狮子大开口，卓别林无法接受。正在无计可施之际，他灵机一动，便在片名前加了一个"大"字，变成了《大独裁者》。这一招让派拉蒙公司瞠目结舌，却又无话可说。

在这里，卓别林就是通过混淆概念的内涵和外延（即概念的属种问题）巧妙地解决了派拉蒙公司的赔偿要求。在属种关系中，外延大的、包含另一概念的那个概念，叫作属概念；外延小的，从属于另一概念的那个概念叫作种概念。比如语言和汉语，语言就是属概念，汉语则是种概念。"独裁者"和"大独裁者"是两个相容关系的概念。前者外延大，是为属概念；后者外延小，是为种概念。在这个事例中，"独裁者"便是"大独裁者"的属概念。可见，只有对概念的内涵与外延有了明确的认识，才能进行正确的逻辑思维。

概念的内涵和外延的关系

首先，只有确定了概念的内涵，才能明确概念的外延。也就是说，概念的内涵是了解概念的外延的前提条件，对概念内涵的不同理解直接影响着概念外延的范围。看下面这则事例：

数学课上，老师提问李明：Y 和 $-Y$ 哪个大？

李明：Y 大。$-Y$ 是负数，Y 是正数，正数大于负数，所以 Y 大于 $-Y$。

老师：是吗？如果 Y 是负数，哪个数大？

李明：哦，$-Y$ 大。

老师：如果 Y 是 0 呢？

李明：Y 是 0 的话，$Y = -Y$。

老师：是啊，你看，Y 的取值不同，两者比较得出的结果就不同。所以，在 Y 的数值情况不明确的前提下，你不能简单地说哪个大哪个小。

上面这个事例就很明确地说明了概念的内涵和外延的关系。Y 的内涵是包括实数范围内的任何数；Y 的外延可以是正数，可以是负数，也可以是 0，一切实数都是 Y 的外延。所以，只有明确了 Y 的取值（概念的内涵），才能正确分别出 Y 和 $-Y$ 的大小（概念外延的范围）。

其次，任何概念都是确定性和灵活性的统一，概念的内涵和外延也具有确定性和灵活性。某个时期内，概念的内涵是确定的，概念的外延也有着明确的范围。但是随着实践的深入，人们的认识也会发生一定的改变，那么，概念的内涵和外延也就随之发生改变。而且，不同时间、地点、语境下，人们对同一概念的内涵和外延理解也会不同。以人们对"死亡"概念内涵的理解为例：

> 传统意义上，人们都认为只要心脏停止跳动，自主呼吸消失就是死亡。后来人们都认识到思维的生理机制在于大脑。美国哈佛医学院于1968年首先报告了他们的"脑死亡"标准，即24小时的观察时间内持续满足无自主呼吸、一切反射消失、脑电心电静止才是死亡。我国卫计委前几年拟定的"脑死亡"标准则是持续6个小时出现严重昏迷，瞳孔放大、固定，脑干反应能力消失，脑波无起伏，呼吸停止则判定为死亡。这种判定方法将死者与植物人区别开来，使得人们对"死亡"概念的内涵和外延有了更清晰的了解。

再次，概念的内涵和外延间存在着反变关系。比如"花"和"菊花"两个概念，从概念的内涵上讲，"花"这个概念反映的是被子植物的生殖器官；而"菊花"这个概念除了反映"花"的概念的内涵外，还反映"多年生菊科草本植物"这个本质属性。所以，"花"这个概念的内涵要比"菊花"这个概念的内涵小。从概念的外延上讲，"花"这个概念反映的是"一切花"，"菊花"这个概念反映的则是"一切菊花"。所以，"花"这个概念比"菊花"这个概念反映的范围要大，也就是说前一概念的外延大于后一概念的外延。因此，可以得出属概念的内涵少于种概念的内涵，但其外延大于种概念的外延的结论。也就是说，内涵越少，外延越大；内涵越多，外延越小。反变关系反映的就是具有这种属种关系的概念的内涵与外延间的关系。

概念的限制和概括

概念的限制是通过增加概念的内涵以缩小概念的外延的逻辑研究方法，也叫概念缩小法。比如：公司→有限公司，从"公司"到"有限公司"，概念的内涵增加了，外延则缩小了。

实际上，限制概念的过程就是概念的外延由大到小的变化过程，也就是一个概念从属概念到种概念过渡的过程。这种"渐变的过程"的性质决定了这个缩小的过程的持续性，也就是说，我们可以对一个概念进行第二次、第三次甚至更多次的缩小。比如：诗词→古典诗词→魏晋时期的古典诗词……

限制概念可以进一步明确概念，使人们的认识更加具体化，思维、表达更准确，推理、论证更严密，也更有助于人们交流。限制概念还可以让人们了解事物从一般到特殊、从概括到具体的变化过程，有助于了解具体事物的特征和本质，也有助于人们养成思维逻辑严密的习惯。

在概念前加限制性的修饰语（即定语），就可以起到限制概念的作用。比如上面的例子中，在"古典诗词"前加"魏晋时期的"。改换语词，即直接将属概念换为与之相应的种概念，也能起到限制作用。比如：把"旗帜"直接换为"红旗""绿旗"等。

在形容词或动词前加状语，也可以起到限制作用。比如：在"缓慢"前加"十分"等。

概念的概括是指通过减少概念的内涵以扩大概念的外延的逻辑研究方法，也叫概念扩大法。比如：社科类的畅销书→畅销书，从"社科类的畅销书"到"畅销书"，概念的内涵减少了，概念的外延扩大了。实际上，概括概念的过程就是减少概念的内涵同时又扩大概念的外延的过程，也是从种概念过渡到属概念的过程。此外，同概念的限制可持续进行一样，概念的概括也可以持续进行。比如：国外社科类的畅销书→社科类的畅销书→畅销书→书……

至于要概括到何种程度，也需要根据实际需要来决定。看下面这则记载在《孔子家语》中的故事：

> 楚共王带着弓箭去打猎，天黑回来后发现最喜欢的弓不见了。手下急忙要去找，楚共王想了想，阻止了手下的行动，说："算了，不用去找了。我虽然丢了弓，也会被楚国的人捡到，这张弓最终还是在楚国人手中，又何必再去找呢？"孔子听说了这件事，评价道："楚王的仁义还是格局不大呀！他应该说：'人丢了弓，人捡了去！'何必一定要说'楚国人'？"

故事中，楚王把"捡到弓的某个楚人"这个概念概括到了"楚人"这个概念，其外延明显扩大了；在孔子听到这件事时，孔子却嫌楚王的胸怀还不够大，于是对这个概念进行了进一步的概括，从"楚人"这个概念概括到了"人"这个概念，意思就是反正捡到弓的是人就好了，何必管他是哪国人呢？可见，楚王和孔子都是站在自己的角度，根据自己的认识对概念进行概括的。

概括概念可以使人们在对概念从特殊到一般、从具体到普遍的概括过程中，看到事物的普遍性意义，认识事物的本质。也可以使人们站在更高的层面进行思维或表达，更为准确、严密地描述概念。概括概念的方法有两种：一是去掉限制性的修饰词。比如前面的例子中，把"英语系的大学生"前的"英语系的"去掉等。二是改换语词，即直接将种概念换为与之相应的属概念。比如前面的例子中，把"畅销书"概括为"书"等。

在对概念进行概括的过程中，我们要注意：第一，概括只适用于具有种属关系的概念，不能随意概括。比如你不能把"花朵"概括为"天空"，因为它们不具有种属关系，不是分子与类的关系，而是部分与整体的关系。

第二，是否需要概括，概括到何种程度，一定要根据实际情况决定，不能概括不到位，也不能不顾实际地任意概括。看下面这则故事：

老师问小明："小明，是谁发明了造纸术啊？"

小明回答道："人。"

老师很崩溃，继续启发道："具体是什么人啊？"

小明认真地想了想，骄傲地说："是中国人！"

这则故事中，小明在回答老师提问时，把"发明造纸术的某个人"回答为"人"和"中国人"，都是在不该概括的时候进行了概括。

第三，概括概念的过程可以持续进行，但不能无限度地一直进行下去。在概括到某个不能再概括的概念时，一般是指概括到一个哲学范畴时，就不能再概括下去了，因为那已经是最大的概念了。比如前面的例子中，"社科类的纸质书"概括到"书"后还可以进行到"物质"，但是到了"物质"就已经是极限了，不能再进行了。

第三节　直接吃第五个馒头就行了——概念的划分

为了更清晰、明确地研究、描述、使用概念，根据概念的内涵和外延的不同特征，逻辑学对概念进行了划分，把具有相同特征的概念划分为一类。这种分类不仅可以便于人们理解和学习，也能够更深入地分析概念的各种特征，进而用理论指导实践。概念可以分为集合概念和非集合概念，也可以分为正概念和负概念，还可以分为单独概念、普遍概念和空概念。

集合概念和非集合概念

有一个很小气的人，一天他肚子饿了，便到路边的馒头店买馒头吃。吃了一个没饱，又买了一个；吃完第二个还没饱，就又买了第三个。就这样，他一直买了五个馒头才吃饱。这时他突然后悔起来了："早知道第五个馒头能吃饱，我还吃前四个馒头干吗呢？直接吃第五个馒头就行了，还能省不少钱呢！"

从逻辑学角度讲，这个人之所以会认为应该"直接吃第五个馒头"，就在于他没有搞清楚这五个馒头其实是一个集合概念，它反映的是这五个馒头组合而成的一个整体或集合体，而"第五个馒头"只是这个集合体的一个个体。只有这个集合体才具有让他吃饱的属性，不管是第五个馒头，还是前面四个馒头中的任何一个，都不具备让他吃饱的属性。也就是说，这个集合概念并不适用于组成集合体的任何一个个体。这个人之所以可笑就在于他不懂得这基本的逻辑概念。

集合概念和非集合概念是根据所反映的对象是否为集合体来划分的。集合概念就是反映集合体的概念。通俗点说，集合概念反映的是事物的整体，即由两个或两个以上的个体有机组合而成的整体。集合体和个体的关系就是整体和部分的关系。部分不一定具有整体的属性，个体不一定具有集合体的属性。比如：丛书、森林、四大发明等都是集合概念。再比如：《鲁迅全集》包括杂文集、散文集、小说集、诗集、书信、日记等。"鲁迅全集"就是一个集合概念，它所具有的全面性与丰富性也不是组成它的任何一个个体所能具有的，即"杂文集""散文集""小说集""诗集""书信""日记"等所具有的。

非集合概念也叫类概念，是反映非集合体或者反映类的概念。可以说，非集合概念反映的是类与分子的关系。类与分子是具有属种关系的概念，分子都具有类的属性。比如：工人、学生、孩子等都是非集合概念。再比如：我们学校的歌唱队都是艺术系的学生。"我们学校的歌唱队"是个非集合概念，具有"艺术系的学生"的属性，其中歌唱队的每个队员也具有"艺术系的学生"的属性。

要想正确理解集合概念和非集合概念，首先，在区分或命题集合概念和非集合概念时，应该将其放在一定的语境中。因为，同一个概念，在不同的语境中会表现出不同的形式。也就是说，同一个概念在这个语境中可能是集合概念，在另一个语境中就可能是非集合概念。脱离了语境的命题集合概念或非集合概念，往往会让人无所适从。我们上面给出的一些有关集合概念或非集合概念，都是有典型性的。但在我们的思维过程中，很多概念并非如此典型。这就容易造成思维的混乱。比如：相对于"战马"来说，"马队"是个集合概念，但是相对于"晋商的马队"而言，"马队"则是个非集合概念，因为"马队"具有的属性，"晋商的马队"也具有。因此，不同的语境中，同一概念的种类也可能发生改变。

正概念与负概念

正概念和负概念是根据其反映的对象是否具有某种属性来划分的。它们强调的不是这种属性"是什么"，而是"有没有"这种属性。

正概念是肯定概念，是反映对象具有某种属性的概念。在思维过程中，人们遇到的大多数概念都是正概念。比如：善良、优秀、勇敢、合法等等，都是正概念或肯定概念。

不过，正概念反映的是对象具有某种属性的概念，它没有褒贬色彩，不管这属性是好是坏、是对是错，只要它有这种属性，就是正概念。所以，邪恶、低贱、落后、懒惰等也属于正概念。

负概念是否定概念，是反映对象不具有某种属性的概念。相对于正概念的"有"，负概念反映的是"没有"。比如：非法、未成年、不正当、无用、不及格等都是负概念。

正概念和负概念有着一定的联系，也有着一定的区别。在研究或运用正概念和负概念的时候，对其联系和区别都要有准确的把握，以避免因相互混淆引起思维的混乱。

首先，要了解正概念和负概念区别的关键点在于其反映对象有无某种属性。比如：如果一个概念反映的对象具有"正常"这种属性，那么它就是正概念；如果它反映的对象不具有"正常"这种属性，即不正常，那它就是负概念。至于这种属性是"正常"或者还是别的什么特征并没什么关系。

其次，对同一个对象，反映的角度不同，它可以表现出不同的概念形式。也就是说，如果反映的某个对象具有某种属性，它就形成正概念；如果反映的同一个对象不具有另一种属性，它就形成负概念。实际上，这只是改变了这种属性的描述角度，使之分别具有了正负概念所反映的属性。比如：非工作人员不得入内。用这种描述角度，使用的是"非工作人员"这一负概念。换成正概念的描述角度，就可以变成：工作人员以外的人不得入内。

再次，要明确正负概念尤其是负概念的内涵和外延。这是为了避免因概念的外延不确定而引起思维的混乱，也是为了避免有人利用论域不确定的漏洞钻空子。

单独概念、普遍概念和空概念

根据概念的外延的数量可以把概念分为单独概念和普遍概念。单独概念是反映某一个别对象的概念，它的外延是由独一无二的分子组成的类。从语言学的角度出发，可以用两种表现形式来表示单独概念：一种是用专有名词表示，一种是用摹状词表示。

专有名词是特定的某人、地方或机构的名称，即人名、地名、国家名、单位名、组织名等都是单独概念，比如：华盛顿、黄河、泰国、月球等。此外，还有表时间的单独概念，比如"2018 年 11 月 11 日"等；表品牌的单独概念，比如"戴尔""苹果""联想"等。总之，一切有着"专有"性质且外延独一无二的概念都是单独概念。

摹状词是指通过对某一对象某一方面特征的描述来指称该对象的表达形式。它满足在某一空间或时间"存在一个并且仅仅存在一个"的条件。比如："《西游记》的作者""地球上最高的山峰""秦始皇统一六国的时间"，等等，都可以用来表示单独概念。

普遍概念是反映两个或两个以上的对象的概念。它与单独概念最大的区别就在于它的外延至少要包括两个对象，少于两个或没有对象的概念都不是普遍概念。从语言学的角度出发，动词、形容词、代词、名词中的普通名词等都可以表示普遍概念，比如：唱歌、美丽、他们、作品。从外延的可数与不可数的角度出发，普遍概念可以分为有限普遍概念和无限普遍概念。有限普遍概念是指其外延包括的对象在数量上是可数的，是有限量的，比如"学校""商店"等；无限普遍概念是指其外延包括的数量是不可数的，是无限量的，比如"学生""整数""商品""颜色"等。

我们前面讨论了概念、类、子类和分子的关系，即概念可以分为各个"类"，"类"可以分为各个"子类"，"子类"则是由"分子"组成的。实际上，普遍概念就是对同一类分子共同特征的概括，因而属于这一"类"的所有子类或分子也一定具有这一"类"的属性。

不管是在学术研究中，还是日常生活中，我们都会用到单独概念和普遍概念。只有正确区分单独概念和普遍概念，才能准确地表达自己的意思；如果对它们的区别不加注意，或者糊里糊涂，就难免出现错误。

首先，单独概念和普遍概念最大的区别就是在外延上是否真正唯一。比如"世界上最大的海洋"是单独概念，仅指太平洋。但是如果去掉"最"字，"世界上大的海洋"就不再是单独概念了，因为其外延已经不止一个海洋了。

其次，运用概念时前后保持一致，避免偷换概念。如果前面说的是单独概念，后面换成了普遍概念，或者把普遍概念换成了单独概念，就可能闹出笑话。

汤姆：帕里斯，昨天我举行婚礼，你怎么没来啊？

帕里斯：哦，真对不起，汤姆！昨天我头疼得厉害，所以不得不去看医生。请原谅，我保证下次一定去！

上面的例子，帕里斯把"汤姆的婚礼"这一单独概念混同为普遍概念。这样一换就好像汤姆有好多婚礼一样，让人觉得滑稽。

空概念是指事物在现实生活中是不存在或没有科学依据的，所以它的外延为零。比如：鬼、神仙等。前后矛盾的词也是空概念，比如：年轻的老人、黎明的黄昏等等。

第四节　和旧裤子一样的新裤子——混淆概念还是偷换概念

思维想要正确地反映客观现实，概念就必须是清晰的、辩证的、富于逻辑性的。一般来说，概念要通过语词来表达。词义有表达概念的作用，有一词多义和一义多词的现象，造成了概念和词语的复杂关系，因而很容易造成概念方面的逻辑混乱。概念混淆和偷换概念便是其典型的两种。

混淆概念

《韩非子》中有一则故事：郑县人卜子的裤子破了，就想让妻子做一条新裤子。他的妻子问："新裤子要做成什么样的？"丈夫回答："做成旧裤子那样的。"最后，妻子做出新裤子，然后把它毁坏，弄得跟原来的旧裤子一模一样。

故事中，卜子所说的"做成旧裤子那样的"指的是新裤子在款式上要和原来的旧裤子一样，而他的妻子却理解为所有的特征都要像旧裤子那样，包括破旧程度，于是把一条新裤子毁坏成旧裤子，这就犯了混淆概念的错误。

混淆概念是一种较为常见的逻辑错误，主要原因是由于人们对比较接近的事物和现象的概念在内涵和外延上没有辨别清楚。

关于混淆概念，有一个很经典的案例：

3个人去一家旅店投宿,为了节省费用,选择合住一个三人间,一晚上需要30元钱,于是每个人掏出10元钱交给了店员。店员向老板汇报的时候,老板因为过生日高兴,决定给这批客人减免5元钱,也就是只需要收25元钱。他拿出5元钱交给店员,让他稍后还给客人。店员喜欢贪小便宜,见此情景,料想客人也不知道实际减免了多少,而且5元钱3个人也分不均匀,不如自己藏起2元钱,只说减免了3元钱,给他们每人分1元钱。果然,客人们没有发觉真相,拿着1元钱,每个人都很高兴。

店员白得了2元钱,也很高兴,回到家里开始算账,却怎么也算不对。一开始每人掏了10元,最后又收到退回的1元,10元减掉1元,每个人花了9元钱,3个人一共花了27元钱,加上自己藏起来的2元,总共是29元钱,跟最初的30元相比,少了1元钱,那1元钱去了哪里?

上面案例中的店员在算账的时候,明显犯了混淆概念的错误。案例中,在店员把钱退给个人之后,实际发生的费用只有27元而不是30元,老板得到的25元加上店员藏起的2元,正好就是27元,按照这个思路,账目就很清楚。店员用30元计算,是没有弄清楚实际发生费用的概念,而且用27元加自己藏起来的2元,相当于多加了一次2元。

混淆概念是指在同一思维过程中,无意识地把某些表面相似的不同概念当作同一概念使用或在不同意义上使用同一概念而犯的逻辑错误。具有相对意义的词项,如果混淆了所相对的范围、论域或语境，也可造成概念混淆。

概念混淆的例子有很多，除了上述的例子之外还有其他很多情况，比如：误用近义词造成概念混淆；误用同音字造成概念混淆；把两个表示不同时间的概念混淆；把反映事物的具体内容的概念混淆为事物本身的概念；同音异形的概念混淆；对象的概念混淆等。

偷换概念

偷换概念是指在同一思维过程中，为达到某种目的而故意违反同一律，把某些表面相似的不同概念当作同一概念使用或在不同意义上使用同一概念而犯的逻辑错误。比如，电商平台搞活动打出的宣传语"买一送一"，甚至"买一送六"，乍一看以为送的是原品，买家会觉得很划算，但是点进去看详情，就会发现，原来送的是小赠品，赠品的种类就得看店家了，几根牙签或者几张卡片都有可能。又比如，"充话费送手机"，表面是白得一个手机，实际上是把自己买手机的钱存了进去，每个月设置最低消费金额，钱花不完也要扣那么多。在辩论中，人们也经常用偷换概念的方法来误导对手，从而让对方顺着自己的思路走。

有个很小气的财主平时经常欺负阿凡提。有一天，他来找阿凡提理发，阿凡提决定给他点儿教训。在给财主刮脸时，阿凡提问："老爷，你要眉毛吗？"财主不假思索道："废话，当然要了！"阿凡提手起刀落，把财主的眉毛刮了下来递给他。财主大怒，阿凡提笑着说："是老爷你自己说要眉毛的啊！我只是按你的吩咐去做啊。"财主无奈，只好继续刮脸。阿凡提又问："老爷，你要胡子吗？"财主一连声地说："不要！不要！"阿凡提又手起刀落，把财主的胡子刮了下来。财主再次大怒，阿凡提还是不慌不忙道："老爷，这可是你自己说不要的，怪不得我啊！"

故事中，阿凡提就是故意通过偷换概念来戏弄财主的。第一次财主说"要"眉毛，是指要把眉毛留下来，但阿凡提故意理解为要把它刮下来带回去；第二次财主说"不要"胡子是指不要把胡子刮下来，但阿凡提却故意理解为不要把胡子留下来。通过两次偷换概念，阿凡提不但教训了小气的财主，而且让他无话可说。

亚里士多德曾在《辩谬篇》中记载了一则诡辩：你有一条狗，它是有儿女的，因而它是一个父亲；它是你的，因而它是你的父亲，你打它，就是打你自己的父亲。这是很经典的诡辩案例，这个推理乍看上去很符合逻辑，甚至无懈可击，实际上犯了"偷换概念"的错误，因而是荒谬的。

第五节　媒婆说媒的惯用伎俩——不可忽视歧义的存在

歧义现象我们都不陌生。有时候歧义会让人们如坠云雾，不明所以；有时候人们则会因歧义闹出笑话；有时候歧义也可能造成比较严重的后果。造成歧义的原因有很多，比如词语歧义、结构歧义和语音歧义。

词语歧义

媒婆是古代专门靠给别人说媒来维持生计的一种职业，她们走街串户，收集适龄男女的信息，给双方牵线搭桥，从中获利。做媒婆的大多能说会道，深谙逻辑学中歧义的妙处。

有一个年轻人长得高大英俊，却因为一只手残疾而迟迟没有娶到媳妇。也有人给他介绍过，但对方一听是手有残疾，连面都没见就回绝了。年轻人实在没办法，就花重金请了一位据说是无往不利的张媒婆为自己说媒。张媒婆看到他的情况，眼珠一转就有了主意。她来到隔得很远的一个村子里，找到之前托她说媒的一位姑娘家，这姑娘长得很漂亮，却因为豁嘴嫁不出去。

媒婆对姑娘一家说："有个年轻的后生很合适，长得也好，家境也好，干起活来有一手！"姑娘一家听了都很高兴，与媒婆约定找个日子相看相看。媒婆回去把情况跟年轻人说了一下，又提了一句："姑娘哪里都好，就是嘴不严。"年轻人以为姑娘爱说闲话，觉得不算毛病，表示自己不在意。

到了相看那天，媒婆事先让年轻人把残疾的那只手背在身后，让姑娘拿一条手帕遮住嘴巴，双方远远打了个照面，都感觉满意，这门亲事算是成了。但是纸包不住火，两人成亲后就发现了对方的缺陷，两家人生气地去找媒婆讲理，媒婆两手一摊："我可没骗人，我早就说过了，姑娘'嘴不严'，小伙子干起活来'有一手'！"

上面故事中的媒婆就运用了词语歧义所造成的误会，说成了一门亲事。"嘴不严"通常的理解就是嘴碎、爱说闲话，而在张媒婆的话里就是用来指豁嘴；"有一手"通常的理解是出色，张媒婆却用来暗指只有一只手是好的。

歧义常见于我们的日常生活中，多是在与人交流时，用语言表达我们自身的观点和思想的过程中，所用语言的确定性和明晰性不能得到有效保证，也就是在某一确定的语言环境下，使运用的语言所使用的概念、命题的确定性丧失，而产生的种种错误。

词语歧义多出现在一词多义造成的不同理解方面，如算命先生算命和骗子行骗时，也经常利用歧义的漏洞来达成目的。他们在实践中掌握歧义运用的技巧，利用歧义来骗取别人的信任，往往能够达到迷惑人的效果，从而非法获利。如果认真地不加以分辨，很容易落入圈套。

古时有三个书生去赶考，途中遇到一个算命先生，就想让他给算算能考中几个。算命先生掐指算了一会儿，伸出了一根手指头。三个书生忙问其中的深意，算命先生说："天机不可泄露，以后你们自然会明白的！"

等考试结果出来，三个人中只有一个考中了，大家都夸算命先生是神算，一时间都来找他算命。后来，算命先生有次喝醉了酒，这才道破天机，哪有什么神算，原来是利用了歧义。伸出一根手指，可以有多种解释：如果考中了一个人，就解释为"一人得中"；如果考中两个人，就解释为"一个不中"；如果三人都中，就解释为"一律都中"；如果三人都不中，就解释为"一律落榜"。

这个故事中的算命先生就是熟练运用歧义的高手。我们在遇到别人故意施展歧义技巧说一些模棱两可或者让人理解模糊的话时，要提高警惕，多思考一下，多追问一句。自己要想规避这种风险，就要在用语言表达思维和交流的过程中，注意保持语言的确定性和清晰性，要保持语言所使用的概念和命题的准确。

语句歧义

语句歧义，是由于句子的句法结构不确定、不严谨而产生的多种含义，也就是整体上的歧义。关于语句歧义有一个非常典型的案例：

> 一位秀才到朋友家做客，快要回家时不巧天下起了大雨，眼看着无法回家，客人希望主人留自己住宿，于是就写了一行字来探问："下雨天（，）留客天（，）留我不留（？）"由于古代文章中没有标点，于是主人就故意和他开了个玩笑，把这句话读成了："下雨天（，）留客（。）天留（，）我不留（。）"心有灵犀的客人哈哈一笑，重新读道："下雨天（，）留客天（，）留我不（？）留（。）"

这句话（下雨天留客天留我不留）因三种断句法，就有三种不同的解释。并不是所有的"语句歧义"都带来坏的结果，这也需要在具体的语境中去考察。有一些是"出于需要而故意为之"。在上面的例子中，秀才就很好地利用了"语句歧义"。"语句歧义"在特定的场合有时候可以发挥特殊的作用，我们应扬长避短。

"班上有 10 个篮球运动员与排球运动员。"有两种解释，一种是 10 个人既是篮球运动员又是排球运动员，另一种解释是10 人中一部分是篮球运动员，其余的是排球运动员。

再比如：这是他们新盖的办公楼和教室。句中，既可以理解为"（新盖的）（办公楼和教室）"，即办公楼和教室都是新盖的；又可以理解为"（新盖的办公楼）和（教室）"，即只有办公楼是新盖的。

如果一个句法结构内部包含了不同的结构层次，就可能产生歧义。对于这种歧义，我们可以采用层次分析法来分析。比如：

关心企业的员工。这个短语可以有两种理解：|关心企业的|员工|，即员工很关心自己所在的企业；|关心|企业的员工|，即我们要关心企业里的员工。"这是两个解放军抢救国家财产的故事。"从逻辑学角度讲，可以通过不同的划分得出两种命题，一是说这是两个故事，故事的内容讲的是解放军抢救国家财产的事；二是说这是一个故事，故事讲的是两个解放军抢救国家财产的事。

看下面这则故事，是典型的因结构层次引起的歧义。

从前有个人家里既养牛又酿酒，但是为人却很小气，每次卖给人的肉和酒总是短斤少两。为了戏弄他，有人便写了副对联送他：养牛大如山老鼠头头死，酿酒缸缸好造醋坛坛酸。

此人拿着对联念道：

养牛大如山　老鼠头头死

酿酒缸缸好　造醋坛坛酸

他很高兴，便赶紧贴在了大门上。但是人们看到这副对联后，却再也不到他家里沽酒买肉了。因为人们是这么理解的：

养牛大如山老鼠　头头死

酿酒缸缸好造醋　坛坛酸

有时候，同一结构层次可能包含着不同的结构关系，而结构关系的不同又引起了短语或句子的歧义。结构关系就是通过语序和虚词反映出来的各种语法关系，比如主谓关系、动宾关系、偏正关系等。比如"进口大豆"，可以是动宾短语，指从国外进口大豆；也可以是偏正短语，指进口的大豆。

语义关系的不同，或者说施事和受事关系的不确定、不明晰也会引起歧义。所谓语义关系是指隐藏在显性结构关系后面的各种语法关系，通常表现为施事（指动作的主体，也就是发出动作或发生变化的人或事物）和受事（受动作支配的人或事物）之间的关系。比如"我的书"，可以指我拥有的书，也可以指我写的书。再比如：这个人连我都不认识。"这个人"为施事时，是指他不认识"我"；"这个人"为受事时，是指"我"不认识他。

有时候，单独看一个句子时，可能有歧义，但放在一定的语境中就不会引起歧义。所以，特定的语境一般可以消除歧义。若是在一定的语境中仍然会因结构层次、结构关系或语义关系引起歧义，就需要对其进行修改了。

语音歧义

在一部电视剧中有这么一个情节：乾隆皇帝带着纪晓岚和宠臣和珅一起出巡，纪晓岚故意和侍女杜小月谈论起了京城里的两条著名的河流——清河与沙河。两个人不停争论，纪晓岚说沙河比较深，杜小月坚持认为清河比较深。乾隆皇帝听了，哈哈大笑，说杜小月是错的，应该是沙河深。纪晓岚要的就是这句话，特意向当时同行的十五阿哥（后来的嘉庆皇帝）强调了一下："记住了，皇上可说了，沙河深（杀和珅）！"

上面纪晓岚所用的就是利用"沙河深"与"杀和珅"同音造

成的语音歧义。同一个句子由于读音的不同，重音所落词语的不同，也就是强调其中不同的部分而导致的语句的不同意义。另外，有的词可轻读，也可重读，不同的读法有时也会使句子表示的意义完全不同。比如：我想起来了。这句话中"起来"分别读三声和二声时，表示"起身、起床"的意思；而读三声和轻声时，则表示"想到"的意思。

对某个音节的语音强调不同也会产生不同的意思。"我们不可以在私下里说朋友坏话。"如果我们读这句话的时候是平常的语气，那么它就是一句很平常的话，没有任何强调。如果重音落到"私下里"上，那么这里就有了另外的含义，我们就可以理解为人们可以在公开的地方议论朋友。如果说的时候重音落到"朋友"上面，就成了我们是可以私下里议论不是朋友的人。"一个学生成了千万富翁"，语音重读时我们可以强调是"一个"，当然也可以强调"学生"。重读的词语不同，所强调的内容不同，意思也就有所不同了。因此在日常生活中我们既要善于识别这些语音的歧义，又要在运用语言的时候清晰严谨，避免造成语音歧义误导。

除了上述的重音所落不同的情况，还有两种情况，一是同音词在同一语境中造成的歧义，相同的读音可表达的意思却完全不同。例如：老王分工专管财务（财物）。在这个语言环境中，"财务"和"财物"读音是一样的，书写出来却表达了不同的意义。再比如，他们看越剧（粤剧）去了。很明显，"越剧"和"粤剧"是不同的。二是多音词在书面语中造成的歧义，多音词在口语中不产生歧义，但在书面语中没有注音，有时便会产生歧义。例如：他在办公室看材料。"看"读四声时，表示"阅览"，读一声时，则表示"看守"。

Chapter 2

命题：

愿你看穿那些真真假假

第一节　开篇话"命题"

　　命题是指一个判断或陈述的语义，也就是实际表达的概念。当相异判断或陈述具有相同语义的时候，它们表达相同的命题。通常情况下，命题分为简单命题和复合命题，命题也有真假之分，句子含义正确、正确反映客观存在、符合实际情况的命题就是真命题，相反的就是假命题。

命题的特征

　　在逻辑学中，命题是一种常用的逻辑方法。概念是反映对象本质属性的思维形式，如果概念仅止于概念，就无法发挥它的作用。只有运用概念进行判断，才能实现概念的最终意义。命题就是对思维对象做出的判断。比如：今天空气很清新。上述命题中，运用了"空气""清新"这两个概念进行了判断。再比如：他不是一个好学生。虽然是个否定句，但仍然是对思维对象做出的一种判断。

　　随着人们实践的深入，当把对事物的某种判断结果作为一种普遍认识固定下来后，它也可以成为人们认识事物或进行其他判断的标尺，并反过来指导人们的思维活动。

　　任何命题都有真有假。马克思主义哲学告诉我们，认识作为人脑对客观存在的反映，正确反映客观存在的就是正确的认识；错误反映客观存在的就是错误的认识。命题也是对客观存在的反映，因此也有对错之别。正确地反映客观存在、符合实际情况的命题就是真命题。比如：北京是中国的首都。这个命题是符合实际情况的，属于真命题。相反，错误反映客观存在、不符合实际情况的命题就是假命题。比如：开封被称为"六朝古都"。这个命题中，"开封"曾作为夏，战国时期的魏，五代时期的后梁、后晋、后汉、后周以及北宋和金七个朝代的都城，被称为"七朝古都"，所以该命题也为假命题。

命题与语句的关系

命题与语句的关系与思维形式和思维内容的关系一样，也是既相互联系，又相互区别。

语句是一种语言形式，包括陈述句、疑问句、祈使句等多种类别，命题是特定的一类语句，所以，语句是命题的表达形式，而命题则是语句的思想内容。比如：这个盒子是空的。上述命题是通过语句这种语言形式表现出来的，而语句也承载着命题所需要表达的思想内容，人们是通过语句这种形式来了解命题所表达的内容的。

命题与语句属于不同的学科领域。命题是逻辑学研究的范畴，对命题的运用要符合一定的逻辑规则，对命题的研究要在一定的逻辑规律的框架之下进行；语句则属于语言学研究的范畴，对语句的运用和研究要遵循一定的语言规则和语言规律。命题与语句有着不同的形态特征。命题属于精神形态的范畴；语句则是一种语言形式，属于物质形态的范畴。

最重要的是，命题与语句并非是一一对应的，同一语句可以表达不同的命题，同一个命题也可以用不同的语句来表达。

1.同一语句可以表达不同的命题，这主要是针对有歧义的语句而言。比如：动手术的是他母亲。上述语句表达了两种不同的命题，既可以表达为"他母亲在给别人动手术"，也可以表达为"别人在给他母亲动手术"。这是歧义造成的同一语句表达不同的命题的情况。

2.世界范围内，语言有着不同的种类；同一语种里，语言也是极其丰富且灵活多变的。因此，作为语言形式的语句对同一内容也有着多种表达形式。也就是说，不同的语句可以表达同一个命题，或者说同一个命题可以用不同的语句来表达。比如："北京是中国的首都。"和"难道北京不是中国的首都吗？"属于不同的语句，但其思想内容却是相同的，所以表达了同一个命题。

3.命题不一定非要用语句来表达。在特定的场景中，一个标点符号或者词语或者一个动作，也可以表达命题。

　　相传，法国作家雨果在写完《悲惨世界》后，把稿子寄给了出版社，很久都没有收到回复，他耐不住心里的焦急，又觉得问得太直接也不好，就给出版社寄出了一封只有一个"？"的信，不久，他就收到了对方的回信，上面也只有一个"！"。果然，不久之后，《悲惨世界》在该社作为重点图书出版，一时间风靡世界。

故事中，雨果在信中只用了一个"？"就表达出了自己要说的很多话，意思就是："我的稿子怎么样？能出版吗？"而出版社的回信只用了一个"！"，就表达了肯定的命题："非常好！一定可以出版！"

第二节　邻居的儿子就像偷斧子的人——真真假假的直言命题

从前有个人，他家里不见了一把斧子。他的怀疑对象是邻居家的儿子，然后他就特意去观察那人，发现那人不管是走路的样子还是他的面部表情，或者是言谈举止，越看越像是偷斧子的人。

过了不久，这个人在自己的粮食堆里找到了他的斧子，等他再见到邻居的儿子时，发现对方不管是走路的样子还是面部表情，或者是言谈举止，一点都不像是偷斧子的人了。

这则寓言出自《吕氏春秋》，丢斧子的人先后对邻居的儿子使用了两个命题，一个是"邻居的儿子是偷斧子的人"，一个是"邻居的儿子不是偷斧子的人"。后来的事实证明，第一个命题是假命题，第二个命题是真命题。而且，从下面的陈述中，我们可以看出，这两个命题都属于简单命题中的直言命题。

命题可以分为简单命题和复合命题。根据复合命题中包含的联结项的不同，可将其分为联言命题、选言命题、假言命题。根据断定的是对象的性质还是对象间关系，可将简单命题分为直言命题和关系命题。

直言命题就是直接命题思维对象具有或不具有某种性质的命题，它是简单命题的一种，具有简单命题的性质，即命题中不包括其他命题。比如：

（1）所有的歌曲都是有声的。

（2）有的动物不是脊椎动物。

（3）任何事物都是有两面性的。

上述三个命题中，都是直接断定对象具有或不具有某些性质的，而且除此之外这些命题都不包含其他命题，所以它们都是直言命题。

直言命题是由逻辑变项（即主项和谓项）和逻辑常项（即联项和量项）组成的。

1. 主项

在前面所举例的命题中，"歌曲""动物""事物"是主项。由此可知，主项就是命题中被断定的对象，或者说是反映思维对象的那个概念。逻辑学中，主项通常用"S"表示。一般来讲，任何直言命题都是有主项的。不过有时候，尤其是在一定的语境中，根据上下文的提示，主项也可省略。比如："你们班有人考了全校第一，是谁啊？""是我们班长。"这组对话中，因为有上下文的提示，所以在回答时就省略了主项"考第一的人"，完整的表达应该是"考第一的人是我们班长"。

2. 谓项

在前面所举例的命题中，"有声的""脊椎动物"和"有两面性的"都是谓项。由此可知，谓项就是指命题中被断定的对象具有或不具有某种性质的概念，或者说是反映思维对象属性的那个概念。逻辑学中，谓项通常用"P"表示。同主项一样，谓项有时候也可省略。比如："天津是中国的直辖市，还有哪个城市也是直辖市？""上海。"这组对话中，在回答时省略了谓项"直辖市"，完整的表达应该是"上海也是直辖市"。

3. 联项

在前面所举例的命题中，"是"和"不是"都是联项。由此可知，联项就是联结主项和谓项的那个概念，或者说联项是表示被断定的对象和其性质间关系的那个概念。一般来讲，联项只包括"是"和"不是"两个。其中，"是"是肯定联项，它表示思维对象具有某种性质；"不是"是否定联项，它表示思维对象不具有某种性质。在命题的表达中，有时也可以省略联项。比如：地球，我们赖以生存的家园。这个直言命题就省略了联项"是"，完整的表达应该是：地球是我们赖以生存的家园。

4. 量项

在前面所举例的命题中，"所有的""有的"和"任何"都是量项。由此可知，量项是表示主项（或被断定对象）的数量或范围的概念。量项一般置于主项之前，从语言学角度上讲，量项对主项起修饰限定的作用。在前面所举的四个命题中，"所有的""有的"和"任何"这三个量项都在主项前。不过，量项也可放在主项之后、联项之前，比如在（1）、（3）两个例子中，联项前都用了"都"字，这实际上就是量项。量项一般可分为三种：全称量项、特称量项和单称量项。

全称量项是指在命题中对主项的全部外延做断定的量项。常用的全称量项有"所有""全部""任何""一切""都""凡是""每个""个个"等。特称量项是指在命题中对主项的部分外延做断定的量项。常用的特称量项有"有的""有些""并非所有"等。需要说明的是，特称量项在表示"有的"或"有些"主项具有某种性质时，只是对主项的这一部分外延做断定，这并不代表主项的另一部分外延完全不具有这种性质。反之，特称量项在表示"有的"或"有些"主项不具有某种性质时，也只是对主项的这一部分外延做断定，也并不代表主项的另一部分外延完全具有这种性质。看下面这则故事：

一次，美国著名作家马克·吐温就他的小说《镀金时代》答记者问时说道："美国国会中的有些议员是狗娘子养的。"此言见报后，舆论大哗。议员们都十分愤慨，纷纷谴责马克·吐温的无礼，并强烈要求他道歉，否则就将诉诸法律。几天后，马克·吐温在《纽约时报》上发表了"道歉声明"，把那句话改为"美国国会中的有些议员不是狗娘子养的。"

在这则故事中，有两个直言命题：

（1）美国国会中的有些议员是狗娘子养的。

（2）美国国会中的有些议员不是狗娘子养的。

显然，这两个命题中都使用了特称量项"有些"，不同的是，命题（1）是断定主项"议员"具有某种性质，是肯定命题；命题（2）是断定主项"议员"不具有某种性质，是否定命题。但是"肯定此"并不意味着"否定彼"，"否定彼"也并不意味着"肯定此"。所以，马克·吐温断定"美国国会中的有些议员是狗娘子养的"并不是说其他议员就一定不是"狗娘子养的"，反之亦然。马克·吐温正是通过这种方法来表达他对那些议员的嘲笑的。

单称量项是指在命题中，当主项为单独概念时用来断定主项的量项。比如：

（1）这个人是英国人。

（2）这道题是错的。

这两个直言命题中，"这个""这道"都是单称量项。在全称量项、特称量项和单称量项中，特称量项是不能省略的。比如：

（1）有的同学是我的邻居。

（2）同学是我的邻居。

显然，省略特称量项"有的"后，主项的外延便不再受限制，该命题也成为一个新的命题了。不过，有时候，全称量项和单称量项是可以省略的。比如："每个孩子都是父母的宝"和"孩子是父母的宝"。

第三节　是否需要付诊金——钻漏洞的选言命题

从前有一个人既贪财又吝啬，几乎到了一毛不拔的地步。大家都知道他这个毛病，所以不太愿意跟他打交道。有一天，这个人家里的牛难产，他就请来一个兽医给牛诊治。兽医害怕这个人赖账，就要跟他做约定。这个人满口答应，白纸黑字写好了保证书："不管兽医救活了牛，还是误诊导致牛死亡，我都会按照约定付给他治疗费。"

兽医这下放心了，他尽全力去医治牛，但最终还是没有成功。牛死了，兽医向这个人索要治疗费，这个人却说："牛是你误诊治死的吗？"兽医说："当然不是因为我的误诊。"这个人又说："那你救活了牛吗？"兽医说："没有。"这个人得意地说："那我不能给你治疗费，因为你既没有误诊治死牛，也没有救活它。"

在上面的故事中，赖账的人用了相容选言命题的方式作为赖账的理由：如果兽医误诊治死了牛，他会给治疗费；如果兽医救活了牛，他会给治疗费。但是，兽医既没有误诊治死牛，又没有救活它，所以他不用给治疗费。

选言命题是对若干事物情况存在的可能性做断定的复合命题。确切地说，选言命题是断定在可能存在的若干事物情况中至少有一种事物情况存在的复合命题。因此，选言命题一般都包括两个或两个以上的选言肢。比如：

（1）他的职业可能是教师，也可能是演员。

（2）这次考试，他的名次要么前进了，要么后退了，要么名次不变。

这两个选言命题都对若干事物情况存在的可能性做了断定。命题（1）断定"他的职业"可能是"教师"，也可能是"演员"，这两种可能性中至少有一个是存在的；命题（2）中断定他的名次有"前进了""后退了"和"不变"这三种可能，其中也必有一个是存在的。

选言命题是由选言肢和选言联结词构成的。

1. 选言肢

选言肢反映着可能存在的若干事物情况。一个选言命题至少有两个选言肢。上面举的两个选言命题中，命题（1）中包括"教师"和"演员"两个选言肢；命题（2）中包括"前进了""后退了"和"不变"三个选言肢。

2. 选言联结词

选言联结词就是联结选言命题中表示可能事物情况的各个选言肢的词项。上面举的两个选言命题中，命题（1）中的选言联结词是"可能……也可能……"；命题（2）中的选言联结词是"要么……要么……要么……"。

根据选言命题中各选言肢是否可以并存的关系，选言命题可分为相容选言命题和不相容选言命题。

1. 相容选言命题

相容选言命题的含义顾名思义，相容选言命题中的各选言肢所表示的可能事物情况是相容的，可以同时存在的。因此，相容选言命题就是指断定若干事物情况中至少有一种事物情况存在的选言命题，或者说是断定各选言肢中至少有一个选言肢存在的选言命题。需要说明的是，既然是断定"至少有一个选言肢存在"，则可以只有一个选言肢存在，也可以有多个选言肢同时存在。比如：

（1）他或者懂英语，或者懂法语。

（2）黑格尔或者是哲学家，或者是逻辑学家。

命题（1）中，可以断定两种可能：懂英语或者懂法语。这两种可能可以只有一种存在，也可以都存在，它们之间并不冲突。命题（2）中，也可以断定两种可能：是哲学家或者是逻辑学家。这两种可能也不冲突，可以存在一种，也可以都存在。所以，这两个命题都是相容选言命题。

2. 不相容选言命题

不相容选言命题是断定若干事物情况中有且仅有一种事物情况存在的选言命题，或者说是断定各选言肢中有且仅有一个选言肢存在的选言命题。比如：

（1）你的考试成绩要么合格，要么不合格。

（2）这个词的用法要么是对的，要么是错的。

命题（1）断定了"考试成绩合格"和"考试成绩不合格"这两种可能，它们是不能共存的，其中一个存在，另一个则必不存在；

命题（2）断定了"这个词的用法是对的"和"这个词的用法是错的"两种可能，这两种可能也不能共存，其中一个存在，另一个则必不存在。因此，这两个命题都是不相容选言命题。

第四节　骗子与皇帝的新装——存在陷阱的假言命题

有一个国王非常爱美，特别喜欢漂亮的新衣服。一天，这个国家来了两个骗子，他们声称可以制作出一件神奇又漂亮的衣服，但是这件衣服只有聪明的人才能看见，蠢人是看不见的。国王听后非常高兴，非常期待这件新衣服，他赏赐了大笔的财宝给两个骗子，催促他们马上开始制作新衣服。

两个骗子索要了一个房间，又要了大量财宝和很多珍贵的原料，就开始假装忙碌起来。过了一段时间，国王想知道制作的进度，就派了大臣去视察工作。两个骗子在空空的织布机上一边做着动作，还一边赞美织出来的布料是多么华贵和绚丽。被派去的大臣什么都没有看见，但是他怕别人说他是蠢人，只好附和骗子的说法，回去向国王报告说自己看到了很棒的布料。后来，国王亲自去视察，他也同大臣一样，声称自己看到了世界上最美的布料。后来，这位国王就穿着这件看不见的"衣服"出行，围观的人也都纷纷赞颂，声称自己见到了前所未有的好东西。只有一个孩子说："可是他什么也没穿啊！"

在这个故事中，骗子提出了一个假言命题："这件衣服只有聪明的人才能看见，蠢人是看不见的。"大臣、国王和围观群众害怕别人说自己是蠢人，就只能就范。实际上，两个骗子的话存在着陷阱，它是一个错误的假言命题，前提和结论之间没有必然联系，即"蠢人"不构成"看不见这件衣服"的必要条件。下面我们就来探讨一下假言命题。

作为复合命题的一种，假言命题也具有复合命题的特征，即由两个或两个以上的选言肢和联结词组成。与断定几种事物情况同时存在的联言命题不同，假言命题是断定某一事物情况的存在是另一事物情况存在的条件的命题。也就是说，假言命题研究的是事物间的条件关系。比如：

（1）如果你病了，就会不舒服。

（2）只有具备了天时、地利和人和，我们才能取胜。

（3）当且仅当两条直线的同位角相等，则两直线平行。

上述三个命题中，命题（1）断定了"生病"是"不舒服"的条件，只有"生病"这个条件存在，"不舒服"才存在；命题（2）断定"具备天时、地利和人和"是"取胜"的条件，只有"天时、地利和人和"这个条件存在，"取胜"才存在；同理，命题（3）中"两条直线的同位角相等"也是"两条直线平行"存在的条件。因此，这三个命题都是假言命题。

根据反映条件关系的不同，假言命题可以分为充分条件假言命题、必要条件假言命题和充分必要条件（或充要条件）假言命题。

1. 充分条件假言命题

充分条件假言命题就是断定某一事物情况（前件）是另一事物情况（后件）存在的充分条件的命题。简单地说，充分条件假言命题就是断定前件与后件之间具有充分条件关系的假言命题。比如：如果你病了，就会不舒服。这个命题中，只要有前件"你病了"，后件"不舒服"就一定存在，也就是说"你病了"是"不舒服"的充分条件。因此，这个命题就是充分条件假言命题。

需要注意的是，在充分条件假言命题中，前件存在，后件一定存在；但前件不存在，后件则并非一定不存在。比如，"你病了"存在，则"不舒服"一定存在；但如果"你病了"不存在，也就是说如果你没病，你也可能因其他原因"不舒服"。

我们用 p 表示前件，用 q 表示后件，充分条件假言命题的逻辑形式可以表示为：如果 p，那么 q，即：$p \rightarrow q$。其中，"$\rightarrow$"是"蕴含"的意思，读作 p 蕴含 q。p 和 q 都是逻辑变项，"如果……那么……"为假言联结词，是逻辑常项。在逻辑学中，表达充分条件假言命题的常用假言联结词（即逻辑常项）还有"如果……就……""倘若……就（便）……""一旦……就……""假如……就（便）……""若是……就……""只要……就……"等。

2. 必要条件假言命题

必要条件假言命题就是断定某一事物情况（前件）是另一事物情况（后件）存在的必要条件的假言命题。简单地说，必要条件假言命题就是断定前件与后件具有必要条件关系的假言命题。比如：

（1）除非有足够的光照，否则花就不会开。

（2）只有体检合格，才能参加高考。

命题（1）中，断定"足够的光照"是"开花"的必要条件，命题（2）中断定"体检合格"是"参加高考"的必要条件，因此这两个命题都是必要条件假言命题。

在必要条件假言命题中，前件存在，后件则未必一定存在。比如，上面举的两个例子中，命题（1）中，只有"足够的光照"，"开花"未必一定实现；命题（2）中，只有"体检合格"，"参加高考"也未必一定实现。

同时，在必要条件假言命题中，前件不存在，则后件一定不存在。比如，上面举的两个例子中，命题（1）中，如果没有"足够的光照"，则"开花"就不可能实现；命题（2）中，如果没有"体检合格"，"参加高考"也不能实现。

清朝刘蓉的《习惯说》中曾记载：

> 蓉少时，读书养晦堂之西偏一室。俯而读，仰而思；思有弗得，辄起绕室以旋。室有洼，径尺，浸淫日广，每履之，足若踬焉。既久而遂安之。一日，父来室中，顾而笑曰："一室不治，何以天下家国为？"命童子取土平之。

这则故事中，"一室不治，何以天下家国为"即是一个必要条件假言命题，意为"只有先整理好一室，才能为家国天下服务"。著名的"一屋不扫，何以扫天下"也是一个必要条件假言命题，意为"只有先扫一屋，才能扫天下"。

我们用 p 表示前件，用 q 表示后件，必要条件假言命题的逻辑形式可以表示为：只有 p，才 q，即：p←q。其中，"←"是"逆蕴含"的意思，读作 p 逆蕴含 q。p 和 q 都是逻辑变项，"只有……才……"为假言联结词，是逻辑常项。在逻辑学中，表达必要条件假言命题的常用假言联结词（即逻辑常项）还有"没有……就没有……""除非……（否则）不……""必须……才……""不……就不能……""不……何以……"等。

3. 充分必要条件假言命题

充分必要条件假言命题，或者充要条件假言命题就是断定某一事物情况（前件）是另一事物情况（后件）存在的充分必要条件的假言命题。换言之，在充分必要条件假言命题中，前件既是后件的充分条件，又是后件的必要条件。比如：

（1）当且仅当前件为真、后件为假时（p），充分条件假言命题才为假（q）。

（2）当且仅当前件为假、后件为真时（p），必要条件假言命题才为假（q）。

这是我们在讨论充分条件假言命题和必要条件假言命题真假值时得出的两个结论。命题（1）断定了只要符合"前件为真、后件为假"这个条件，"充分条件假言命题"必为"假"；如果不符合"前件为真、后件为假"这个条件，"充分条件假言命题"则必不为"假"。命题（2）断定了只要符合"前件为假、后件为真"，"必要条件假言命题"必为"假"；如果不符合"前件为假、后件为真"，"必要条件假言命题"则必不为"假"。也就是说，在这两个命题中，p既是q的充分条件，又是q的必要条件，因此这两个命题都是充分必要条件假言命题。

我们用p表示前件，用q表示后件，充分必要条件假言命题的逻辑形式可以表示为：当且仅当p，才q，即：p $\longleftrightarrow$ q。"$\longleftrightarrow$"

意为"等值于"，读作 p 等值于 q。其中，作为前、后件的 p、q 是逻辑变项，假言联结词"当且仅当"为逻辑常项。需要说明的是，"当且仅当"来自数学语言，现代汉语中并没有与之完全对等的一个词。因此只能用诸如"只要……则……，并且只有……，才……""只有并且仅有……才……""如果……那么……，并且如果不……那么就不……"之类的词项来充当假言联结词。

有一则流传甚广的关于佛印和苏东坡的故事：

一次，苏东坡和佛印骑马而游。

佛印对苏东坡说："你骑马姿势端庄，好像一尊佛。"

苏东坡却故意调笑："你身披黑色袈裟，好像一坨粪。"

佛印笑而不答，东坡自以为得计，很是高兴。回家后向妹妹说起此事，苏小妹叹道："哥哥你着相啦！如果你心中有佛，那么你眼中就有佛，如果你心中无佛，那么你眼中就无佛；如果你心中有粪，那么你眼中就有粪，如果你心中无粪，那么你眼中就无粪。"苏东坡听后大惭。

这则故事中，有两个充分必要条件假言命题：

（1）如果你心中有佛，那么你眼中就有佛，如果你心中无佛，那么你眼中就无佛。

（2）如果你心中有粪，那么你眼中就有粪，如果你心中无粪，那么你眼中就无粪。

命题（1）断定若"心中有佛"，则"眼中有佛"，若"心中无佛"，则"眼中无佛"，也就是说"心中有佛"是"眼中有佛"的充分必要条件；命题（2）断定若"心中有粪"，则"眼中有粪"，若"心中无粪",则"眼中无粪",那么,"心中有粪"也就是"眼中有粪"的充分必要条件。在这两个充分必要条件假言命题中运用的假言联结词实际上就是"如果……那么……,如果不……那么就不……"。

第五节　獐的旁边是鹿，鹿的旁边是獐——机智的关系命题

王元泽才几岁的时候，一次宴会上，有人把一头獐和一头鹿关在一个笼子里带到宴席上来。有的客人想逗王元泽，就问他："你知道哪个是獐，哪个是鹿吗？"机灵的王元泽其实并不知道答案，他想了想，说："獐旁边的是鹿，鹿旁边的是獐。"参加宴会的客人都觉得他的回答非常奇妙。

这则故事中的王元泽很机智，他实际上并没有明确回答出客人所问的问题，只是巧妙地运用了关系命题，利用了"在……的旁边"的对称关系。

马克思主义哲学认为，世界上没有完全孤立存在的事物，一切事物都处在普遍联系中。在逻辑学中，关系命题就是研究事物之间关系的一种命题。

关系命题是断定思维对象之间是否具有某种关系的命题。比如：

（1）梁山伯与祝英台是一对恋人。

（2）张明比其他同学都要高。

（3）所有的梁山好汉与宋江都是兄弟。

上述三个命题中，（1）断定"梁山伯"与"祝英台"具有"恋

人”关系；（2）断定"张明"与"其他同学"具有"高"的关系；（3）断定"所有的梁山好汉"与"宋江"具有"兄弟"的关系。所以这三个命题都是关系命题。

断定思维对象之间具有某种关系时，是关系命题；同样，断定思维对象之间不具有某种关系时，也是关系命题。我们看《世说新语》中记载的一个故事：

> 管宁、华歆共园中锄菜，见地有片金，管挥锄与瓦石不异，华捉而掷去之。又尝同席读书，有乘轩冕过门者，宁读如故，歆废书出看。宁割席分坐，曰："子非吾友也。"

这就是著名的"割席断交"的故事。在这个故事中，有两个关系命题：

（1）华歆与管宁是朋友。

（2）华歆与管宁不是朋友。

命题（1）中断定"华歆"与"管宁"是"朋友"的关系，所以是关系命题；命题（2）中断定"华歆"与"管宁"不是"朋友"的关系，也是关系命题。需要注意的是，只有对思维对象之间的关系进行断定才是关系命题，若没有断定则不是关系命题。比如：那两个人是王磊和李欣。

这个命题中虽然也包括两个思维对象，即"王磊"和"李欣"，但并没有断定他们是否有某种关系，因此不是关系命题。

关系命题可以分为对称性关系和传递性关系两种。其中，从是否具有对称性看，对称性关系可分为对称关系、反对称关系和非对称关系；从是否具有传递性看，传递性关系可分为传递关系、反传递关系和非传递关系。

1.对称性关系

（1）对称关系

对称关系是指当这一对象与另一对象具有某种关系时，另一对象与这一对象也具有这种关系。即：当 a 与 b 具有 R 关系时，b 与 a 也具有 R 关系。比如：

①1 小时（a）等于 60 分钟（b）。

②Lily（a）和 Lucy（b）是双胞胎。

命题①中，"1 小时"与"60 分钟"具有"等于"的关系，"60 分钟"与"1 小时"也具有"等于"的关系；命题②中，"Lily"与"Lucy"具有"双胞胎"的关系，"Lucy"与"Lily"也具有"双胞胎"的关系。也就是说，当 aRb 成立时，bRa 也成立，因此这两个关系命题都具有对称关系。

现代汉语中，表示对称的常用关系项还有"朋友""同学""交叉""矛盾""对立"等。

（2）反对称关系

反对称关系是指当这一对象与另一对象具有某种关系时，另一对象与这一对象必不具有这种关系。即：当 a 与 b 具有 R 关系时，b 与 a 必不具有 R 关系。看下面这则故事：

国王听说阿凡提很聪明，心中很不高兴，便想故意为难他一下。

他派人把阿凡提叫来，盛气凌人地说："阿凡提，听说你很聪明。那么，你能猜出自己什么时候会死吗？如果你能猜出来，那就说明你是真聪明；如果猜不出来，就说明你是个骗子。"阿凡提知道国王是在刁难他，如果他猜自己明天死，国王现在就会杀了他；如果他猜自己今天死，国王就会故意不在今天杀他。不管怎么猜，都难逃一死。于是他就说道："国王陛下，曾经有位先知告诉我，说我会比您早死三天，我想应该是这样吧。"

国王一听，就不敢对阿凡提怎么样了，因为他唯恐杀了阿凡提后，自己三天后也会死。

这则故事中，有一个关系命题，即"阿凡提的死会早于国王的死"。在这个命题中，两个关系项是"阿凡提的死"（a）和"国王的死"（b），关系项是"早于"（R）。当"阿凡提的死"早于"国王的死"时，"国王的死"则必不早于"阿凡提的死"。也就是说，当 aRb 成立时，bRa 必不成立，因此这个关系命题是反对称的。

（3）非对称关系。

非对称关系是指当这一对象与另一对象具有某种关系时，另一对象与这一对象的关系不确定，它们可能具有这种关系，也可能不具有这种关系。也就是说，当 a 与 b 具有 R 关系时，b 与 a 可能具有 R 关系，也可能不具有 R 关系。比如：

①晴雯（a）喜欢贾宝玉（b）。

②蓝队（a）支持红队（b）。

命题①中，"晴雯"喜欢"贾宝玉"，"贾宝玉"是否喜欢"晴雯"并不确定；命题②中，"蓝队"支持"红队"，但"红队"可能支持"蓝队"，也可能不支持。也就是说，当aRb成立时，bRa可能成立，也可能不成立。因此，这两个关系命题都是非对称的。

2. 传递性关系

（1）传递关系。

传递关系是指如果 A 对象与 B 对象具有某种关系且 B 对象与 C 对象也具有这种关系时，A 对象与 C 对象也必具有这种关系。也就是说，当 a 与 b 具有 R 关系且 b 与 c 也具有 R 关系时，a 与 c 也必具有 R 关系。比如：

①直线 a 与直线 b 平行，直线 b 与直线 c 平行，所以直线 a 与直线 c 平行。

②甲写的字（a）好于乙写的字（b），乙写的字（b）好于丙写的字（c），所以甲写的字（a）好于丙写的字（c）。

命题①中的"平行"和命题②中的"好于"就是表示传递的关系项。由此可知，当aRb成立时且bRc成立时，aRc也成立。因此，这两个关系命题都具有传递关系。

（2）反传递关系。

反传递关系是指如果 A 对象与 B 对象具有某种关系且 B 对象与 C 对象也具有这种关系时，A 对象与 C 对象必不具有这种关系。

也就是说，当 a 与 b 具有 R 关系且 b 与 c 也具有 R 关系时，a 与 c 必不具有 R 关系。比如：

①直线 a 垂直于直线 b，直线 b 垂直于直线 c，则直线 a 必不垂直于直线 c。

②甲（a）是乙（b）的儿子，乙（b）是丙（c）的儿子，则甲（a）必不是丙（c）的儿子。

命题①中的"垂直于"与命题②中的"儿子"都是表示反传递的关系项。由此可知，当 aRb 成立时且 bRc 成立时，aRc 必不成立。因此，这两个关系命题都是反传递的。

（3）非传递关系。

非传递关系是指如果 A 对象与 B 对象具有某种关系且 B 对象与 C 对象也具有这种关系时，A 对象与 C 对象可能具有这种关系，也可能不具有这种关系。也就是说当 a 与 b 具有 R 关系且 b 与 c 也具有 R 关系时，a 与 c 的关系不确定，可能具有 R 关系，也可能不具有 R 关系。比如：

①小明（a）认识小光（b），小光（b）认识小红（c），则小明（a）不一定认识小红（c）。

②蓝队（a）支持红队（b），红队（b）支持黄队（c），则蓝队（a）不一定支持黄队（c）。

命题①中的"认识"和命题②中的"支持"都是表示非传递的关系项。由此可知，当 aRb 成立时且 bRc 成立时，aRc 可能成立，也可能不成立。因此，这两个关系命题都是非传递的。

逻辑学中的关系命题是对各种事物或对象之间的关系做命题的，而且这种命题形式可以应用于各个领域，这无疑对其他各学科的研究有着一定的影响。所以，我们要准确理解关系命题，这也是以后进行关系推理的基础。

Chapter 3

推理：
真相永远只有一个

第一节　开篇话"推理"

　　推理是由一个或几个已知的判断或前提，推导出一个新的判断或结论的思维过程。按推理过程的思维方向划分，主要有演绎推理、归纳推理、类比推理等。其中，演绎推理有三段论、假言推理和选言推理等形式。需要注意的是，如果不能考察某类事物的全部对象，而只根据部分对象做出的推理，不一定完全可靠。

推理的含义

　　《淮南子》中有言曰："尝一脔肉，知一镬之味；悬羽与炭，而知燥湿之气；以小明大。见一叶落，而知岁之将暮；睹瓶中之冰，而知天下之寒；以近论远。"这几句话其实就是一种简单的推理：由一块肉的味道推知一锅肉的味道；由悬挂的羽和炭而推知空气是干燥还是潮湿；由树叶飘落而推知这一年就快结束了；由瓶子里结的冰而推知天气已经寒冷了。与此类似的"以小明大，以近论远"的见解不但在古籍中常见，在日常生活中也时常出现，比如你听见狗吠可能就会推知有路人经过，等等。这其实都是在自觉或不自觉地进行推理。推理于逻辑学而言，更是一种重要的思维方法。

在逻辑学中，推理就是由一个或几个已知判断或结论推出新判断或结论的一种思维形式。推理依据的是现有知识或已知判断，得出的是一个新的结论。事实上，推理的进行正是运用了事物之间多种多样的联系，因为新的事物不会凭空而出，它一定来源于现有事物；现有事物也不会静止不动，它必然会发展为新事物。而推理就是抓住这种联系积极地、主动地促成新事物、新观念、新判断的产生。比如：

（1）现在大学生找工作难，

　　　　所以有些大学生没找到工作。

（2）张林喜欢所有的喜剧电影，

　　　　《加菲猫》是喜剧电影，

　　　　所以张林喜欢《加菲猫》。

（3）北方方言以北京话为代表，

　　　　吴方言以苏州话为代表，

　　　　湘方言以长沙话为代表，

　　　　赣方言以南昌话为代表，

　　　　客家方言以广东梅县话为代表，

　　　　闽方言以福州话、厦门话等为代表，

　　　　粤方言以广州话为代表，

　　　　所以各方言区人民都有自己的代表方言。

上面三个例子中，例（1）根据一个已知判断推出了一个新判断，例（2）根据两个已知判断推出了一个新判断，例（3）根据七个已知判断推出了一个新判断。它们都是由已知的判断推出未知的新判断，因而都是推理。

推理都是由前提和结论组成的。推理的前提是进行推理时所依据的已知判断，它是进行推理的根据。比如上面三个推理中，推理（1）的前提是"现在大学生找工作难"；推理（2）的前提是"张林喜欢所有的喜剧电影，《加菲猫》是喜剧电影"；推理（3）的前提是"北方方言以北京话为代表，吴方言以苏州话为代表"等七个已知判断。一般认为，"所以"前面的判断就是推理的前提。通常，推理的前提中会使用诸如"由于""因为""根据""依据""出于""鉴于"之类的词项。

推理的结论是进行推理后由已知判断推导出的新判断，它是进行推理的目的。比如上面三个推理中，推理（1）的结论是"有些大学生没找到工作"；推理（2）的结论是"张林喜欢《加菲猫》"；推理（3）的结论是"各方言区人民都有自己的代表方言"。一般认为，"所以"后面的判断就是推理的结论。

通常，推理的结论中会使用诸如"所以""因此""总之""由此可见"之类的词项。

一般情况下，推理的前提都是在结论之前的。不过，有时候也会把结论放在前面，而把前提放在后面。比如："他这次考试又拿了第一，因为他学习总是很勤奋。"

推理的作用

《吕氏春秋·察今》中说："有道之士，贵以近知远，以今知古，以所见知所不见。"《史记·高祖本纪》中说："运筹帷幄之中，决胜千里之外。"事实上，这些都是讲高明的人可以根据已知情况进行推理，从而预料未知情况。他们虽不是逻辑学家，但却极为娴熟、精妙地运用了逻辑推理。可见，推理对人们认识并判断事物起着极为重要的作用。

第一，推理是人们根据已知事物认识未知事物、根据已知知识获得未知知识的重要方法。认识未知事物、获取未知知识是人类文明进步的必要条件，也是人们对客观世界深入了解、探究的基础。

首先，推理可以使人们由对事物的个别、特殊的认识概括、总结、推导出一般性、普遍性的认识。在逻辑学中，这被称为归纳推理。在欧几里得以前，古希腊虽然已经出现了一些为人们所公认的几何知识，但都是零散的、个别的，并没有形成完整的体系。欧几里得把这些为人们所公认的几何知识作为定义和公理，并在此基础上研究图形的性质，推导出了一系列定理，组成演绎体系，写出《几何原本》，第一次完成了人类对空间的认识。

其次，推理可以使人们由对事物的一般性、普遍性的认识推导出个别的、特殊的认识。在逻辑学中，这被称为演绎推理。19 世纪，俄国著名化学家门捷列夫根据他发现的具有普遍指导意义的元素周期律编制了第一个元素周期表。在这个元素周期表中，他不但把已经发现的 63 种元素全部列入表里，初步完成了元素系统化的任务，而且还在表中留下空位，预言了类似硼、铝、硅的未知元素的存在。多年后，他的这些预言都被人们完全证实了。这可以说是根据已知一般性认识推导出个别认识的经典案例。当然，人们也可以根据逻辑学中的类比推理，从对某些事物个别的、具体认识推导出另一些个别的、特殊的认识。比如，警方在进行破案时，通过模拟现场的方案来推测案发时的情况就是运用的类比推理。

第二，推理是人们根据现有情况对未知情况进行正确判断的手段。《史记》中曾记载这么一个故事：

春秋时期，鲁国的宰相公仪休非常喜欢吃鱼，几乎达到了无鱼不食、无鱼不欢的地步。于是，许多前来求他办事的人便纷纷奉上花尽心思得来的好鱼、奇鱼，以求得他的欢心。但是，公仪休对这些送上门来的鱼却一概不纳。客卿们都很不解，问他既然喜欢吃鱼，为什么不收下呢。公仪休叹息道："正是因为我喜欢吃鱼，所以才不能收啊！首先，我身为宰相，完全有能力自己买鱼吃，是以不必接受他人的鱼。其次，如果我接受了他们的鱼，就要替他们办事，那我就有可能因此而获罪，并因此被免职。第三，在我失去宰相的职务后，我就没有了俸禄，就没有能力买鱼，也就吃不上鱼了。"

这个故事里，公仪休就是通过运用推理对是否接受别人献的鱼做出了正确的推断。第三，推理是人们对各种思想、观点进行论证或反驳的重要方法。不管是要论证某种思想、观点的正确性，还是反驳它们的错误，推理无疑都是一种行之有效的方法。上面"公仪休拒鱼"时运用的推理，就是一个很好的例子。他既用这一推理论证了"拒鱼"的正确性，同时也是对"收鱼"这一错误思想的反驳。

当然，在我们进行推理的时候，需要根据实际情况选择适当的推理方法，同时还要遵循一定的推理规则，这样才能保证推理的正确性和有效性。

推理的种类

在进行推理时，因推理的前提不同、推理的前提与结论关系不同或者推理角度不同等因素，推理的种类也不同。也就是说，推理可以根据各种不同的标准进行分类。

1.直接推理和间接推理

（1）直接推理是以一个判断为前提推出结论的推理。比如：

①诸葛亮是智慧的化身，②商品是用来交换的劳动产品，所以，诸葛亮是有智慧的。所以，有些劳动产品是商品。

上面两个推理都是由一个判断出发推出结论的，所以都是直接推理。

（2）间接推理是以两个或两个以上的判断为前提推出结论的

推理。比如：

①物理学是研究物质结构、物质相互作用和运动规律的自然科学，

力学是研究物体的机械运动和平衡规律的，

所以力学属于物理学范畴。

②论点是议论文的要素之一，

论据是议论文的要素之一，

论证也是议论文的要素之一，

所以议论文包括论点、论据和论证三个要素。

上面两个推理中，推理①是由两个判断推出的结论，推理②是由三个判断推出的结论，所以它们都是间接推理。

2. 简单判断推理和复合判断推理

（1）简单判断推理是以简单判断为前提推出结论的推理。根据简单判断种类的不同，简单判断推理又可以分为直言判断的直接推理、直言判断的变形直接推理、三段论推理和关系推理等。比如：

①花是被子植物的生殖器官，

菊花是花，

所以菊花是被子植物的生殖器官。

②菱形是四边形的一种，

正方形是菱形的一种，

所以正方形是四边形的一种。

上面两个推理的前提都是简单判断，所以都属于简单判断推理。其中，推理①是三段论推理，推理②是关系推理。

（2）复合判断推理是以复合判断为前提推出结论的推理。根据复合判断种类的不同，复合判断推理又可以分为联言推理、假言推理、选言推理和二难推理等。比如：

①李蒙的数学考试不及格，或者是因为考试时状态不佳，或者是因为平时不用功，

李蒙的数学不及格不是因为考试时状态不佳，

所以李蒙的数学不及格是因为平时不用功。

②如果这个剧本好，他就会参演，

这个剧本好，

所以他会参演。

上面两个推理的前提都是复合判断，所以他们都是复合判断推理。其中，推理①是选言推理，推理②是假言推理。

3. 演绎推理、归纳推理和类比推理

（1）演绎推理是从一般性、普遍性认识推出个别性、特殊性认识的推理。比如上节中我们提到的例子：

张林喜欢所有的喜剧电影，

《加菲猫》是喜剧电影，

所以张林喜欢《加菲猫》。

这个推理中，"张林喜欢所有的喜剧电影"是一般性前提，"《加菲猫》是喜剧电影"是个别性认识。根据这两个前提推出"张

林喜欢《加菲猫》"这一个别性认识。

（2）归纳推理是从个别性、特殊性认识推出一般性、普遍性认识的推理。比如上节中我们提到的例子：

北方方言以北京话为代表，

吴方言以苏州话为代表，

湘方言以长沙话为代表，

赣方言以南昌话为代表，

客家方言以广东梅县话为代表，

闽方言以福州话、厦门话等为代表，

粤方言以广州话为代表，

所以各方言区人民都有自己的代表方言。

上面这个推理从"北方方言以北京话为代表"等七个个别的、特殊的认识推出"各方言区人民都有自己的代表方言"这个一般性、普遍性认识，所以是归纳推理。

（3）类比推理是从个别性、特殊性认识推出个别性、特殊性认识或从一般性、普遍性认识推出一般性、普遍性认识的推理。比如：

菱形有一组邻边相等，对角线互相垂直且平分，

正方形也有一组邻边相等，

所以正方形的对角线也互相垂直且平分。

上面这个推理就是通过菱形与正方形的类比而推出结论的，所以是类比推理。

4. 必然性推理和或然性推理

（1）必然性推理是推理的前提蕴含结论的推理。因为前提和结论的蕴含关系，所以必然能从前提中推出相应的结论。换言之，若前提为真，则结论也必为真。比如，间接推理中的例①、简单判断推理中的两个例子等都是必然性推理。

（2）或然性推理是推理的前提不蕴含结论的推理。因为前提不蕴含结论，那么就意味着结论并非必然是从前提中推出的。换言之，若前提为真，则结论真假不定。比如，归纳推理中关于"方言"的例子就是或然性推理。

5. 模态推理和非模态推理

这是根据推理中是否包含模态判断而进行分类的。推理中包含模态判断的推理就是模态推理，推理中不包含模态判断的推理就是非模态推理。

有效运用推理

1. 正确认识推理

要想在思维过程中有效运用推理，就要先正确认识推理。

第一，推理的前提和结论间具有推断关系的才是推理，也就是说，结论必须是由推理推出来的，否则就不是推理。比如：

动物分为脊椎动物和无脊椎动物，

所以猫是猫科动物。

上面这个"推理"中，前提和结论并无关联，只是两个独立的判断，虽然符合推理形式，但也并非推理。

第二，推理都是人脑对客观世界的反映，是人们实践经验的总结，所以推理应该符合客观规律，不能主观臆断。比如：

美国是世界上最发达的国家，

美国是资本主义制度的代表，

所以资本主义是最先进的社会制度。

上面这个推理的结论虽然是由前提推出的，但却并不符合客观规律，所以这个推理只是主观臆断。

2. 有效推理的条件

要保证推理的有效性并进行正确推理，就必须满足两个条件。

（1）推理的形式正确

推理形式包括推理的外在形式和逻辑规律和规则两个方面。其外在形式就如我们在上面举出的各个推理实例，它们都符合推理的外在形式。逻辑规律和规则是指在进行推理过程中必须遵守的各种逻辑规律和规则。如果只符合推理的外在形式，却不符合一定的逻辑规律和规则，那么得出的结论就必定是错误的。在上面"正确认识推理"中举的两个例子就是如此。

（2）推理的前提必须真实

推理的前提真实是指推理时所依据的各个判断必须真实、客观地反映客观存在，而不能任意凭主观臆造。比如：

所有的花都是红色的，

梨花是花，

所以梨花是红色的。

这个推理形式的外在形式正确，推理时也遵守了逻辑规律和规则，但得出的结论却是错的。这是因为推理的大前提，即"所有的花都是红色的"本身就是一个假判断，由此所推出的结论自然是假的。

　　同时，这两个条件也可以作为我们判定推理是否有效的依据。只有满足这两个条件的推理才是有效的，否则就是无效的。此外，如果一个推理的结论的范围超出了所依据的前提的范围，那么，这个结论就没有蕴含在前提中，这个推理就是或然性推理。这就表示，即便所有前提都为真，这个结论也未必为真。

第二节　该来的没来，不该走的走了——三段论推理

有个人摆宴席请客，眼看开席的时间都过了，还有很多客人没有到。他心里着急，就嘟囔着："怎么回事，该来的客人怎么还没来？"有些距离他近的客人听到了这话，心里就琢磨开了："该来的还没来，那我们这些来了的就是不该来的？"于是就起身离开了。

主人一看又走了好几位客人，更加着急了，忍不住大声嚷嚷起来："怎么了？不该走的客人怎么都走了？"剩下的客人都听见了，心里想："不该走的都走了，那我们这些没走的就是该走的了！"于是大家都走了。

主人看着空无一人的宴席，心里懊恼极了。

上面的故事就涉及了三段论的应用。即：该来的没来，我们来了，所以我们是不该来的。不该走的走了，我们没走，所以我们是该走的。

三段论的定义

作为形式逻辑的奠基人，亚里士多德在逻辑学上的贡献是多方面的，其中最重要的就是他的三段论学说。经过历代学者的研究修缮，现在的三段论已经是逻辑学中最为重要和严密的推理形

式之一。

所谓三段论就是以包括一个共同概念的两个直言判断作为前提推出一个新的直言判断作为结论的演绎推理形式。具体地说，就是通过一个共同概念把两个直言判断联结起来，并以这两个直言判断为前提，推出一个新的直言判断。因为，三段论的前提和结论都是直言判断，所以三段论又被称为直言三段论推理或直言三段论。比如：

（1）作家都是知识分子，

钱锺书是作家，

所以钱锺书是知识分子。

（2）语言是人类交际的工具，

汉语是语言，

所以汉语是人类交际的工具。

推理（1）是以包含"作家"这个共同概念的两个直言判断（作家都是知识分子、钱锺书是作家）作为前提推出一个新的直言判断作为结论（钱锺书是知识分子）的三段论推理；推理（2）则是以包含"语言"这个共同概念的两个直言判断（语言是人类交际的工具、汉语是语言）作为前提推出一个新的直言判断作为结论（汉语是人类交际的工具）的三段论推理。因为三段论是由两个判断推出一个判断的推理形式，所以三段论是间接推理；又因为三段论的前提和结论都是直言判断，所以三段论是直言判断的间接推理。

三段论的结构和特点

三段论是由三个直言判断组成的，所以共有三个主项和三个谓项。因为事实上每个词项都出现了两次，所以一个三段论共包括三个不同的词项。以上面的推理（1）为例：

作家（M）都是知识分子（P），

钱锺书（S）是作家（M），

所以钱锺书（S）是知识分子（P）。

由此可见，这个三段论推理共包含三个不同的词项，即：作家、知识分子和钱锺书。

我们把三段论中这三个不同的词项叫作大项、小项和中项。大项就是结论中的谓项，用 P 表示，在上面两个推理中即是"知识分子"和"人类交际的工具"。大项 P 在第一个前提中是作为谓项出现的。小项就是结论中的主项，用 S 表示，在上面两个推理中即是"钱锺书"和"汉语"。小项 S 在第二个前提中是作为主项出现的。中项就是在前提中出现两次而在结论中不出现的词项，用 M 表示，在上面的两个推理中即是"作家"和"语言"。中项是联结大项和小项的词项。

三段论是由两个作为前提的直言判断和一个作为结论的直言判断组成的。我们把其中包含大项（P）的前提叫大前提，在上面的两个推理中即是"作家都是知识分子"和"语言是人类交际的工具"；把其中包含小项（S）的前提叫小前提，在上面的两个推理中即是"钱锺书是作家"和"汉语是语言"。

这样我们就可以得出三段论的结构，即：由包含三个不同的项（大项、中项和小项）的三个直言判断（大前提、小前提和结论）组成。

从三段论的含义及结构形式我们可以得出三段论具有以下几个特点。

第一，三段论都是由两个已知直言判断作为前提推出一个新的直言判断。

第二，作为前提的两个直言判断中必然包含一个共同概念，这个共同概念（即中项）是联结两个前提的中介。

第三，三段论的前提中蕴含着结论，因此前提必然能推出结论，这个推理也是必然性推理。

第四，由大前提和小前提推出结论的过程是由一般到个别、特殊的演绎推理过程。

三段论的公理

所谓公理，也就是经过人们长期实践检验、不需要去证明同时也无法去证明的客观规律。比如"过两点有且只有一条直线""同位角相等，两直线平行"等都是数学公理。逻辑学中，三段论的公理即是：

对一类事物的全部有所肯定或否定，就是对该类事物的部分也有所肯定或否定。

1.对一类事物的全部有所肯定，就是对该类事物的部分也有所肯定。

看下面这则故事：

明朝的戴大宾幼时即被人们誉为"神童"，特别善于联诗作对。一次，一个显贵想看看戴大宾是否名副其实，便想出对考他。显贵首先出对道："月圆。"戴大宾随即对道："风扁。"显贵嘲笑道："月自然是圆的，风如何是扁的呢？"戴大宾道："风见缝就钻，不扁怎么行？"显贵又出对道："凤鸣。"戴大宾从容不迫道："牛舞。"显贵又讥笑道："牛如何能舞？这次肯定不通。"戴大宾笑道："《尚书·虞书·益稷》上说：'击石拊石，百兽率舞'，牛亦属百兽之列，如何不能舞？"显贵俯首叹服。

这则故事中，包含着两个三段论推理：

（1）能钻缝的都是扁的，

风是能钻缝的，

所以风是扁的。

（2）兽都是能舞的，

牛是兽，

所以牛是能舞的。

推理（1）肯定"能钻缝的都是扁的"，而"风是能钻缝的"的事物中的一部分，那么就必然可以肯定"风是扁的"了；推理（2）肯定"兽都是能舞的"，而"牛是兽"的一种，那么也就必然可以肯定"牛是能舞的"了。

2. 对一类事物的全部有所否定，就是对该类事物的部分也有所否定。比如：

（1）不能制造和使用工具的动物不是人，

虎是不能制造和使用工具的动物，

所以虎不是人。

（2）草本花卉不是木本花卉，

紫罗兰是草本花卉，

所以紫罗兰不是木本花卉。

推理(1)是对"不能制造和使用工具的动物是人"的否定，而"虎是不能制造和使用工具的动物"的一种，那么就必然可以否定"虎是人"并由此得出"虎不是人"的结论；推理（2）也可通过类似的分析得出"紫罗兰不是木本花卉"的结论。

总之，三段论的公理是对客观事物中一般和个别关系的反映，是人们长期实践经验的总结，也是我们进行三段论推理的客观依据。

第三节　不是所有产品都能试用——归纳推理

约翰："我买任何产品都要先试用一下。"

推销员："是的，先生。有些产品的确可以而且也应该试用一下，但有些大概不能吧。"

约翰："为什么不能？我试用过那么多产品，还没有发现有什么产品不能试呢！"

推销员："您说的没错，先生。不过，我还是觉得……"

约翰："不让试用的话，我坚决不购买你们的产品。"

推销员："如果您执意如此，那好吧。"

约翰："这就对了。顾客就是上帝，你们应该尽量满足顾客的要求。对了，你们公司生产的是什么产品？"

推销员："骨灰盒，先生。"

在这个故事中，约翰由自己买任何产品都必须要试用一下归纳推导出"所有产品都可以试用"的结论。但是，在前提中却遗漏了"骨灰盒"这一不能试用的产品，因而得出了错误的结论。这个故事涉及了归纳推理中的完全归纳推理的知识。

归纳推理的含义

《韩诗外传》中记载有这么一个故事：

魏文侯问狐卷子曰："父贤足恃乎？"对曰："不足。""子贤足恃乎？"对曰："不足。""兄贤足恃乎？"对曰："不足。""弟贤足恃乎？"对曰："不足。""臣贤足恃乎？"对曰："不足。"文侯勃然作色而怒曰："寡人问此五者于子，一一以为不足者，何也？"对曰："父贤不过尧，而丹朱（尧之子）放（流放）；子贤不过舜，而瞽瞍（舜之父）拘（拘禁）；兄贤不过舜，而象（舜之弟）傲（傲慢）；弟贤不过周公，而管叔（周公之兄）诛；臣贤不过汤、武，而桀、纣伐（被讨伐）。望人者不至，恃人者不久。君欲治，从身始，人何可恃乎？"

在这则故事中，魏文侯向狐卷子连续发问父、子、兄、弟和臣子是否足以依靠，狐卷子均答曰"不足"，并通过一系列不可否认的事实证明了自己的观点，最后得出"君欲治，从身始，人何可恃乎"的结论，这就是归纳推理的运用。

归纳推理就是以个别性认识为前提推出一般性认识为结论的推理。个别就是单个的、特殊的事物，一般则是与个别相对的、普遍性的事物。个别与一般相互联结，一般存在于个别之中。个别和一般是相互依存、不可分割的。从一般的、特殊的认识推出一般的、普遍的认识，是人们认识事物的重要途径，也是归纳推理的基础。比如，"云彩往南水连连，云彩往北一阵黑；云彩往东一阵风，云彩往西披蓑衣"，就是人们根据云彩运动方向的不同而归纳出来的天气情况；"能被2整除的数是偶数，不能被2整除的数是奇数"，是根据数与2是否存在整除关系而归纳出的偶数和奇数的性质。再比如：

汉语是中国人最重要的交际工具，

英语是英、美等国人最重要的交际工具，

德语是德国人最重要的交际工具，

俄语是俄罗斯人最重要的交际工具，

……

（汉语、英语、德语、俄语等是语言的部分对象）

所以语言是人类最重要的交际工具。

上面这个推理就是根据人们对各种具体语言的个别性认识推导出对语言这个整体的一般性认识的归纳推理。

我们在开头讲述的那个故事中的归纳推理也可以这样表示：

父贤不过尧，而丹朱放，所以父贤不足恃；

子贤不过舜，而瞽瞍拘，所以子贤不足恃；

兄贤不过舜，而象傲，所以兄贤不足恃；

弟贤不过周公，而管叔诛，所以弟贤不足恃；

臣贤不过汤、武，而桀、纣伐，所以臣贤不足恃；

（父子、兄弟、臣子等是人的部分对象）

所以任何人都不足恃，治理国家还是要靠自己。

这也是由对"父、子、兄、弟和臣子不足恃"的个别认识而归纳出"任何人都不足恃"的一般认识的归纳推理。

归纳推理的种类和特点

1.归纳推理的种类

根据归纳推理考察对象范围的不同，归纳推理可以分为完全归纳推理和不完全归纳推理。简单地说，完全归纳推理就是对某类事物的全部对象具有或不具有某种属性做考察的推理。比如：

《红楼梦》是长篇章回体小说，

《三国演义》是长篇章回体小说，

《水浒传》是长篇章回体小说，

《西游记》是长篇章回体小说，

（《红楼梦》《三国演义》《水浒传》和《西游记》是中国四大古典文学名著）

所以中国四大古典文学名著都是长篇章回体小说。

不完全归纳推理是只对某类事物的部分对象具有或不具有某种属性做考察的推理。我们在前面列举的关于"语言"和"任何人都不足恃"的推理都是不完全归纳推理。

此外，根据前提是否揭示考察对象与其属性间的因果联系，不完全归纳推理又可以分为简单枚举归纳推理和科学归纳推理。其中，简单枚举归纳推理只是根据经验观察而归纳出结论的推理，科学归纳推理则是在经验基础上借助科学分析推出结论的推理。

2. 归纳推理的特点

根据上面对归纳推理的分析，可以总结出归纳推理的几个特点：

第一，从个别性或特殊性认识推出一般性或普遍性认识。

第二，除完全归纳推理外，前提不蕴含结论，结论断定的范围超出前提断定的范围。

第三，除完全归纳推理外，归纳推理是或然推理，其结论不是必然的。

第四，除完全归纳推理外，即使归纳推理的前提都真，结论也未必真实。

看下面一则故事：

> 有一次，苏东坡去拜访王安石，恰巧王安石不在。苏东坡闲等之际，看到王安石桌上的一张纸上写着两句诗："西风昨夜过园林，吹落黄花满地金。"墨迹尚新，显然是刚写的；只有两句，可见是未完之作。苏东坡看到这两句诗，不禁暗笑：菊花最能耐寒，从来只有枯萎的菊花，哪有随风飘落满地的菊花呢？于是提笔续写道："秋花不比春花落，说与诗人仔细吟。"然后转身离去。后来苏东坡被贬黄州，重阳赏菊之日，看到满园菊花纷纷飘落，一地灿烂，枝上竟无半朵，这才知道王安石那两句诗并没有错，只是自己见识不足而已。

在这则故事中，苏东坡根据他历来所见过的菊花都是枯萎而没有飘落的前提，归纳出"所有的菊花都是枯萎而不是飘落"这一错误结论，所以他才嘲笑王安石的诗错了。可见，前提的真实并不一定能推出真实的结论。

完全归纳推理

完全归纳推理是根据某类事物的每一个对象都具有或不具有某种属性，推出该类事物全都具有或不具有该属性的推理。

有"数学王子"之称的德国著名数学家高斯读小学时，

就表现出了超人的才智。一次，在一节数学课上，老师给大家出了道题："从 1+2+3+……+98+99+100 等于多少？"老师心想，学生们要算出这 100 个数之和，大概得花不少时间呢。谁知他刚想到这里，高斯就举手报出了结果：5050。老师惊讶不已，问他为什么这么快就算出来了。高斯答道："1+100=101，2+99=101，3+98=101……这样到50+51=101 一共可以得出 50 个 101，用 50 乘以 101 就得出答案了。"听完高斯的解释，老师、同学都赞叹不已。

在这里，高斯就运用了完全归纳推理，即：

1+100=101，

2+99=101，

3+98=101，

……

50+51=101，

（1 到 100 是所给题目的全部对象）

所以 1-100 中所有相对应的首尾两数之和都等于 101。

在这个归纳推理中，高斯就是通过断定这 100 个数中"1+100，2+99 到 50+51"，每个对象都具有"等于 101"的属性，归纳推出"1-100 中所有相对应的首尾两数之和都等于 101"这个一般性结论的。正是根据这个结论，高斯很快就算出了结果，显示了他无与伦比的数学天赋。再比如：

期中考试中，小明的各科平均成绩不到 80 分，

期中考试中，小光的各科平均成绩不到 80 分，

期中考试中，小红的各科平均成绩不到 80 分，

期中考试中，小灵的各科平均成绩不到 80 分，

（小明、小光、小红和小灵是二班一组的全部成员）

所以，期中考试中，二班一组的各科平均成绩不到 80 分。

这个归纳推理是通过断定二班一组的每个成员（小明、小光、小红和小灵）的平均成绩都不具有"80 分"这一属性，推出"二班一组的平均成绩"不具有"80 分"这个一般性结论的。

要保证完全归纳推理的有效性，需要遵循以下几条规则：

第一，推理前提必须是对某类事物任何个体对象的断定，不能有任何遗漏。

"完全"就是指全部。如果在考察某类事物对象时，遗漏了某个或某一部分对象，那么这个推理就不再是完全归纳推理，所得结论也就不一定为真。

第二，推理前提的每个判断必须全都是真实的。

如果前提中有任何一个判断不真，那么结论就会是错误的。比如，在前面提到的高斯的故事中，如果从 1 到 100 中，有两个相对应的首尾数相加不等于 101，那么高斯的结论就会是错误的，计算结果也会是错误的。

第三，所考察的事物对象数量应该是有限的且有可能对其一一考察。

只有对该类事物中的所有对象进行考察，才可能确认结论的真实性。如果所考察的对象数量上是无穷的，或者根本无法一一考察，那么它就不适用完全归纳推理。比如，如果对某十只乌鸦

进行考察，得知它们都是黑色的，从而推出"这十只乌鸦都是黑色的"则是正确的推理；如果由此得出"天下所有的乌鸦都是黑色的"就不是完全归纳推理，因为"天下所有的乌鸦"的数量既不确定，也无法进行一一考察。

第四，推理前提中所有判断的谓项必须是同一概念，联项必须完全相同。

谓项就是指完全归纳推理形式中的"P"，构成前提的所有判断的谓项必须是一样的。比如，在"二班一组的平均成绩不到80分"这个完全归纳推理中，如果其中一个前提的平均成绩高于80分了，那么这个结论就是错误的。联项则是表示事物对象"具有或不具有"某种属性的概念。对于前提中所考察的事物对象，要么是都具有某种属性，要么是都不具有某种属性，有任何一个例外，都推不出必然结论。

根据完全归纳推理的含义、形式和规则，我们可以总结出它的两大特征。

第一，完全归纳推理的前提涵盖了所考察事物的全部对象。因为完全归纳推理是通过对某类事物的每个个别对象进行断定后推出结论的，结论和前提都涵盖了该类事物的全部，因此其结论断定的范围没有超出前提断定的范围。

第二，完全归纳推理是必然性推理，只要前提真实，推理形式正确，就必然可以得出真实可靠的结论。

完全归纳推理最重要的作用就是让人们的认识从个别上升到一般，从特殊上升到普遍。完全归纳推理是在对某类事物全部个别对象认识的基础上得出对该类事物的一般性认识的，这既是人们深化对客观事物认识的一种重要途径，也是人们在自然科学、社会科学的研究工作中常用的方法。

此外，完全归纳推理也是人们说明问题、论证思想的重要手段。在日常生活中，人们可以通过完全归纳推理的运用，直观地说明问题，或有力地论证自己的思想。比如在辩论中，就可以通过运用排比手法对某类事物个别对象所具有的属性进行阐述，从而归纳出一个具有一般性认识的观点来论证自己一方的看法。

不完全归纳推理

从一个袋子里摸出来的第一个是红玻璃球，第二个是红玻璃球，甚至第三个、第四个、第五个都是红玻璃球的时候，我们立刻会出现一种猜想："是不是这个袋里的都是红玻璃球？"但是，当我们有一次摸出一个白玻璃球的时候，这个猜想失败了。这时，我们会出现另一种猜想："是不是袋里的东西全都是玻璃球？"但是，当有一次摸出来的是一个木球的时候，这个猜想又失败了。那时，我们又会出现第三个猜想："是不是袋里的东西都是球？"这个猜想对不对，还必须继续加以检验，要把袋里的东西全部摸出来，才能见个分晓。

这是我国著名数学家华罗庚在他的《数学归纳法》一书中的一段话，它形象地阐述了不完全归纳推理的特点。其中，出现的三种猜想都是对不完全归纳推理的运用，且以第一种猜想为例：

摸出的第一个东西是红玻璃球，

摸出的第二个东西是红玻璃球，

摸出的第三个东西是红玻璃球，

摸出的第四个东西是红玻璃球，

摸出的第五个东西是红玻璃球，

（摸出的这五个东西是袋子里的部分东西）

所以这个袋子里的东西都是红玻璃球。

当然，对第二种、第三种猜想也可以进行类似的分析。这就是不完全归纳推理。

所谓不完全归纳推理是根据某类事物的部分对象都具有或都不具有某种属性，推出该类事物全都具有或全部不具有该属性的推理。比如上面的推理中，根据从袋子里摸出的五个东西都具有"红玻璃球"的属性的前提推出了"这个袋子里的东西"都具有"红玻璃球"的属性的结论。

不完全归纳推理的前提只对某类事物的部分对象做了断定，而结论则是对全部对象所做的断定。因此，不完全归纳推理的结论断定的范围超出了前提断定的范围，是或然性推理。

我们前面讲过，根据前提是否揭示考察对象与其属性间的因果联系，不完全归纳推理可以分为简单枚举归纳推理和科学归纳推理。这是不完全归纳推理的两种基本类型。

1. 简单枚举归纳推理

简单枚举归纳推理是在经验的基础上，根据某类事物的部分对象都具有或都不具有某种属性，在没有遇到反例的前提下推出该类事物全都具有或全都不具有该属性的推理，也叫简单枚举法。我们上面提到的"红玻璃球"的推理就是简单枚举归纳推理。再比如：

液化不会改变物质的性质，

汽化不会改变物质的性质，

凝固不会改变物质的性质，

结晶不会改变物质的性质，

液化、汽化、凝固和结晶是物理反应的部分对象，并且没有遇到反例，

所以物理反应不会改变物质的性质。

作为不完全归纳推理的一种，简单枚举归纳推理的结论断定的范围也超出了其前提断定的范围，而且简单枚举归纳推理是建立在经验的基础上的。因此，简单枚举归纳推理很容易出现错误。比如，"守株待兔"这一故事中的"宋人"根据"兔走触株，折颈而死"这仅有一次的情况就得出"兔子都会触株而死"这一结论，从而"释其耒而守株，冀复得兔"。这就犯了"轻率概括"的错误。

此外，在进行简单枚举归纳推理时，还很容易犯"以偏概全"的错误。比如：

小王为图便宜花50块钱买了件衣服，但只洗过一次就变形了；后来他又用30块钱买了一双鞋，穿了不久鞋底就开胶了。于是他见人就说："便宜没好货，以后再也不买便宜货了。"

在这里，小王也使用了简单枚举归纳推理。即：

买的衣服是便宜货，质量不好，

买的鞋子是便宜货，质量不好，

（这衣服和鞋子是便宜货的部分对象，并且没有反例）

所以便宜货质量不好。

在这里，这个推理形式没什么错误，但仅以两次经验就得出"便宜货质量不好"的结论无疑是犯了"以偏概全"的错误。

那么，如何提高简单枚举归纳推理的有效性，得出尽量可靠的结论呢？

第一，通过寻找反例来验证结论的可靠性。有时候，没有遇到反例不等于不存在反例，比如小王在"便宜货质量不好"的判断上，虽然自己没有遇到反例，但显而易见反例是肯定存在的。简单枚举归纳推理成立的前提就在于没有遇到反例，如果一旦出现了反例，那么该推理也必然是错误的。所以，在推理过程中可以通过寻找反例来验证其结论的可靠性。

第二，通过增多考察对象的数量、拓宽考察对象的范围来提高结论的可靠性。显然，一个简单枚举归纳推理的前提所涵盖的对象的数量越多、范围越广，得到的结论的可靠性就越高。因为，每增多一个前提，就多了一个证明结论可靠的证据。证据越多，可靠性越强。所以，增多考察对象的数量、拓宽考察对象的范围是提高结论的可靠性的重要手段。

在日常生活中，简单枚举归纳推理是对一些经常重复性出现的一些现象、问题、情况等进行初步概括的重要手段。通过不断积累的经验，人们往往能初步总结出这些现象、问题、情况的规律，形成最直观的认识。而这些认识，是人们更深一步认识事物的基础。比如，"二十四节气歌"就是古代人民在经验基础上运用简单枚举归纳推理得出的结论。

同时，简单枚举归纳推理也是人们进行科学研究的重要方法。科学研究一般都是在大量的观察和实验基础上获得第一手资料的，而简单枚举归纳推理正好为它提供了进行初步研究必需的基础性知识。可以说，简单枚举归纳推理是科学研究的得力助手。

2. 科学归纳推理

科学归纳推理是根据某类事物的部分对象与某属性之间的必然联系，在科学分析的基础上推出该类事物全都具有或全都不具有该属性的推理，也叫科学归纳法。所谓"必然联系"，一般是指所考察的对象与某种属性间的因果关系。比如：

钠与氧在燃烧条件下反应会生成新物质，

锂与氧在燃烧条件下反应会生成新物质，

钾与氧在燃烧条件下反应会生成新物质，

氢与氧在燃烧条件下反应会生成新物质，

钠、锂、钾、氢与氧的反应是化学反应的一部分，因为在燃烧中，分子破裂成原子，原子重新排列组合，从而生成新物质，所以化学反应会生成新物质。

这个推理中，首先知道了"钠、锂、钾、氢与氧的反应"具有"生成新物质"的属性；而后通过科学分析（即在燃烧中，分子破裂成原子，原子重新排列组合，从而生成新物质）知道了"钠、锂、钾、氢与氧的反应"与"生成新物质"之间的因果关系，从而推出了"化学反应会生成新物质"的结论。这就是科学归纳推理的运用。

与简单枚举归纳推理相比，科学归纳推理无疑是更为可靠、应用也更为广泛的推理形式。这是因为科学归纳推理已经不仅仅是根据经验得出的结论，而是对由经验得出的结论再进行科学分析而得出的对事物更深一层的认识。因此，不管是在日常生活中还是科学研究中，科学归纳推理都有着重要作用。

那么，如何提高科学归纳推理的有效性，得出尽量可靠的结论呢？

科学归纳推理的结论在很大程度上取决于考察对象与其属性之间的关系，所以，找出考察对象与其属性之间的必然联系是提高科学归纳推理的可靠性的根本。我们可以通过求同法、求异法、求同求异并用法、共变法和剩余法来分析它们之间的关系。在下一章我们会对这几种方法详细介绍，在此不再赘述。

3. 简单枚举归纳推理和科学归纳推理的关系

简单枚举归纳推理和科学归纳推理都属于不完全归纳推理，它们的前提都是只对某类事物的部分对象进行考察；同时，它们都是通过断定部分对象具有或不具有某种属性推出该事物的全部对象具有或不具有该属性的，所以其结论断定的范围都超出了前提断定的范围。这是它们相同的地方。它们的区别主要表现在以下几个方面：

第一，它们推出结论的根据不同。简单枚举归纳推理主要是以经验为基础，通过对某类事物的重复性观察而认识事物；而科学归纳推理则是在科学分析的基础上，对考察对象与其属性之间的关系进行探讨，从而推出结论的。

第二，它们所得结论的可靠性不同。简单枚举归纳推理的结论以经验为基础，以没有遇到反例为成立的条件，这就注定了它在可靠性上的不足，大多数时候只有参考价值；而科学归纳推理的结论则是在对考察对象与其属性之间的必然关系进行科学分析的基础上得出的，显然比简单枚举归纳推理的结论可靠得多。

第三，它们对前提的要求不同。对简单枚举归纳推理来说，前提所断定的考察对象的数量越多、范围越广，其结论就越可靠；而对科学归纳推理来说，前提中考察对象与其属性之间的必然关系才是其结论可靠性的重要保证，而考察对象的数量与范围则是次要的。

完全归纳推理与不完全归纳推理的区别

完全归纳推理与不完全归纳推理作为归纳推理的两种基本类型，有一定的相似之处，比如都是根据某类事物中的对象具有或不具有某种属性推出该事物全都具有或全部不具有该属性；都是从对事物的个别性认识推出一般性认识的。但是，它们之间的区别更为明显，主要表现在：

第一，考察对象的范围不同。完全归纳推理考察的是某类事物的全部对象，而不完全归纳推理考察的则是某类事物的部分对象。

第二，结论与前提的关系不同。完全归纳推理的结论断定的范围没有超出前提断定的范围；而不完全归纳推理的结论断定的范围则超出了前提断定的范围。

第三，结论的可靠性不同。只要前提为真，推理形式正确，完全归纳推理的前提必然推出真的结论，是必然性推理；而不完全归纳推理则是或然性推理，即便前提都为真，结论也未必真。

只有明确了完全归纳推理和不完全归纳推理的联系与不同，才能在科学研究、说明问题或论证思想时正确运用它们。而且，在适当的时候采取不同的归纳推理形式，取长补短，互相辅助，才更有助于人们认识客观事物。

第四节　不以出身论英雄——类比推理

赵奢是战国时期赵国名将，曾为赵国立下汗马功劳，他的儿子赵括从小就熟读兵书，谈论起用兵打仗的事，说得头头是道，就连父亲赵奢都不能驳倒他。因此赵括自命不凡，认为天下没有人能够抵挡住他。可是赵奢却觉得儿子只会"纸上谈兵"，一旦真的领兵打仗，绝对会出问题，所以留下不要让赵括领兵打仗的遗嘱。

后来，赵国被秦国实行离间计，罢免了大将廉颇，赵王和众大臣认为赵奢是名将，他的儿子也应该更厉害，就任命赵括为大将，去抵抗秦兵。赵括掌兵之后，改变了廉颇的战术，因求功心切而战败，导致赵军四十万人马被俘后全部被活埋，自己也在突围时中箭身亡。

由此可见，"老子英雄儿好汉""有其父必有其子""龙生龙，凤生凤，老鼠的儿子会打洞"等说法是没有科学依据的，这些说法都试图用类比的方法来说明儿子和父亲在某些特性上是相似的，也就是以出身论英雄。

类比推理的含义

《庄子·杂篇》中有一则"庄子借粮"的故事：

庄子家境贫寒，向监河侯借粮。监河侯说："行啊，等我收取了封邑的税金，就借给你三百金，好吗？"庄子听了愤愤地说："我昨天来的时候，看到有条鲫鱼在车轮辗过的小坑洼里挣扎。我问它怎么啦，它说求我给他一升水救命。我对它说：'行啊，我将到南方去游说吴王越王，引西江之水来救你，好吗？'鲫鱼听了愤愤地说：'你现在给我一升水我就能活下来了，如果等你引来西江水，我早在干鱼店了！'"

在这则故事中，庄子用鲫鱼的处境和自己的处境做类比：鲫鱼急需水救命，庄子急需粮食救命；等引来西江水鲫鱼早就渴死了，等监河侯收取了税金自己早就饿死了。通过这种类比，庄子表达了自己对监河侯为富不仁的愤怒。这就是类比推理。

类比推理就是根据两个或两类事物在某些属性上相同或相似，推出它们在另外的属性上也相同或相似的推理。当然，这些属性指的是事物的本质属性，而不是表面属性。其推理形式可以表示为：

A 事物具有属性 a、b、c、d，

B 事物具有属性 a、b、c，

所以 B 事物也具有属性 d。

在这里，A、B 表示两个（或两类）做类比的事物；a、b、c 表示 A、B 事物共有的相同或相似的属性，叫作"相同属性"；d 是 A 事物具有从而推出 B 事物也具有的属性，叫作"类推属性"。比如，上面的故事就可用类比推理的形式表示：

鲫鱼急需水，却要等到西江水来才能得水，那时鲫鱼早已死去，

庄子急需粮，却要等到收取税金后才能得粮，

所以那时庄子也早已死去。

德国哲学家莱布尼茨说："自然界的一切都是相似的。"这就是说，在客观世界中，客观事物之间存在着同一性和相似性，而这正是类比推理的客观基础。两个完全没有联系和相似之处的事物是无法进行类比推理的，只有两个或两类事物具有某些相同或相似的属性，才能将它们放在一起做类比。

类比推理的种类

根据推理方法的不同，类比推理可以分为正类比推理、反类比推理、合类比推理以及模拟类比推理。

1. 正类比推理

正类比推理是根据两个或两类事物具有某些相同或相似的属性，再根据其中某个或某类事物还具有其他属性，从而推出另一个或一类事物也具有其他属性的推理。正类比推理也叫同性类比推理，其逻辑形式可以表示为：

A 事物具有属性 a、b、c、d，

B 事物具有属性 a、b、c，

所以 B 事物也具有属性 d。

我们上面提到的"庄子借粮"的故事就属于正类比推理。此外，传说鲁班就是根据雨伞与荷叶的相似性运用正类比推理发明雨伞的：荷叶是圆的，叶面布满叶脉，并且有叶茎。于是鲁班把羊皮剪成圆形，作为伞面；把竹竿劈成细竹条，作为支架；再用一根木棍儿来固定支架。已知荷叶顶在头上可以避雨，所以伞也可以避雨。

2. 反类比推理

反类比推理是根据两个或两类事物不具有某些属性，再根据其中某个或某类事物还不具有其他属性，从而推出另一个或一类事物也不具有其他属性的推理。反类比推理也叫异性类比推理，其逻辑形式可以表示为：

A 事物不具有属性 a、b、c、d，

B 事物不具有属性 a、b、c，

所以 B 事物也不具有属性 d。

看下面这则幽默故事：

> 一天，将军的儿子看到一位士兵。为了显示自己的身份，他故意拦住士兵问道："你父亲是做什么的？"士兵答道："是农民。"他又问道："那你父亲为什么没把你培养成农民呢？"士兵很气愤，便反问道："你父亲是做什么的？"他扬扬得意地答道："将军。"士兵又接着问："那你父亲为什么没有把你培养成一名将军呢？"

这则故事中，士兵就是用反类比推理反击将军的儿子的，即：我不是农民，你不是将军；你父亲没有把你培养成将军，所以我父亲没有把我培养成农民。

3. 合类比推理

合类比推理是根据两个或两类事物具有某些相同或相似的属性，推出它们都具有另一属性；再根据它们不具有某些相同或相似的属性，推出它们都不具有另一属性。合类比推理是正类比推理和反类比推理的综合运用，虽然它的推理前提和结论较之于它们复杂，但也比它们全面。其推理形式可以表示为：

A 事物有属性 a、b、c、d，无属性 e、f、g、h，

B 事物有属性 a、b、c，无属性 e、f、g，

所以 B 事物有属性 d，无属性 h。

4. 模拟类比推理

模拟类比推理是通过模型实验根据某个或某类事物的属性和关系推出另一个或一类事物也具有该属性和关系的推理。

仿生学可以说就是运用模拟类比推理为基础发展起来的一门学科。比如模仿青蛙眼睛的独特结构制造出"电子蛙眼"；模仿萤火虫发光的特性制造出人工冷光；模仿能放电的"电鱼"制造出伏特电池等；而模仿各种昆虫的特性制造出的科技产品就更是举不胜举了。

此外，人工智能其实也是以模拟类比推理为理论基础的。比如机器人就是模仿人体结构和功能制造出来的。它们的共同特点是根据自然原型设计制造出模型，使模型具有和自然原型相同或相似的属性、功能和结构等。换言之，它是由原型推出模型的模拟类比推理。其推理形式可以表示为：

原型 A 中，属性 a、b、c 与 d 具有 R 关系，

模型 B 经设计具有属性 a、b、c，

所以模型 B 中，属性 a、b、c 与 d 也具有 R 关系。

在某些科学研究、大型工程建设过程中，通常会先采取模型的形式进行试验，在试验成功后再进行实际应用。比如，建造大

型水坝时，都会先设计一个模型进行试验，获得相关数据后再进行建造；宇航员在进入太空前也会进行多次模拟演练，待确认无误后才会进行实际探索。它们的共同特点是先根据模型具有和自然原型相同或相似的属性、功能和结构，推出它或者它的原型适用的对象也具有该属性、功能和结构的推理。其推理形式可以表示为：

原型 A 具有属性 a、b、c，

模型 B 具有属性 a、b、c，且试验证明 a、b、c 与 d 具有 R 关系，

所以原型 A 中，属性 a、b、c 与 d 也具有 R 关系。

类比推理的特征

根据以上类比推理的分析，可知类比推理具有以下两大特征：

第一，类比推理是从个别到个别，从一般到一般的推理。

这是指类比推理的前提和结论都是对个别事物的个别属性或某类事物的一般属性的断定。从这个意义上讲，类比推理的前提和结论在知识的一般性程度上是一样的。

第二，类比推理是或然性推理，其结论断定的范围超出了前提断定的范围。

这是指类比推理的前提只断定了考察对象所具有的相同属性及类推属性，但并没有对它们之间的关系做断定。也就是说，考察对象可能具有类推属性，也可能不具有类推属性。因此，类比推理是或然性推理，即使前提都真，也未必能推出必然真的结论。

有哲学家指出，世界上没有完全相同的两片树叶。这是说，

世界上任何事物都存在着差异，不可能绝对相同。这就动摇了类比推理所依据的事物之间的同一性或相似性的基础。换言之，事物之间存在的差异性可能使得类比推理推出虚假的结论。毕竟，谁都不能确定类比推理的类推属性一定不是考察对象的差异性。同时，类比推理的前提只是列出了考察对象所具有的属性，但却并不断定它们各属性之间是否具有必然联系，这也可能导致推出虚假的结论。

那么，如何避免无效的类比推理，提高其结论的可靠性呢？

第一，推理前提中的两个或两类事物所具有的相同属性与结论中的类推属性相关度越高，结论就越可靠。所以，要尽量找出相同属性与类推属性之间程度高的联系进行推理。

第二，尽量采用推理前提中两个或两类事物所具有的本质属性进行类比，不要使用表面的或者偶然的属性，以免陷入"机械类比"的错误。所谓机械类比，就是对两个或两类表面相似、性质却根本不同的事物进行机械类比而推出结论的推理。逻辑学中，经常有欧洲中世纪神学家为了论证上帝的存在而将"世界"和"钟表"进行类比推理的事例来说明"机械类比"的错误。即：

钟表是各部分有机构成的一个整体，有规律性，有制造者，

世界也是各部分有机构成的一个整体，有规律性，

所以世界有制造者（即上帝）。

第三，推理前提中的两个或两类事物所具有的相同或相似的属性越多，其结论就越可靠。因此，在类比事物已经确定的前提下，要尽可能多地挖掘它们之间的相同或相似的属性。它们相同

或相似的属性越多，具有其他相同或相似属性的可能性就越大。在医学和科学实验中，经常对某个研究对象进行多次试验，然后根据每次试验结果的相似程度来断定研究对象是否符合预期要求，就是这个道理。

第四，在某些关于"数"或"量"的类比推理中，要尽量采用比较弱或不精确的描述，以提高结论的可靠性。比如：

在某汽车公司对其新型汽车进行试驾试验后得知：甲车行驶35 千米，耗油 1 升。那么，由此可以推出：

（1）乙车行驶 35 千米，耗油 1 升；

（2）乙车行驶 30 多千米（或 30 到 40 千米），耗油 1 升。

显然，第二个结论要比第一个结论更可靠些。

类比推理的作用

类比推理的过程是一个启发思维、激活思维的过程，也是一个进行思维比较的过程。在这个过程中，类比推理实际上是把人们对事物的认识进行了重新组合。因此，它在人们进行思维活动过程中，有着极其重要的作用。

第一，类比推理是开拓人们的视野、丰富人们的认识的手段，是通向创新的桥梁。比如，鲁班根据荷叶发明雨伞、根据带齿的茅草发明铁锯，用的是类比推理；纳米武器专家纳勒德根据《西游记》中孙悟空变成小虫子钻入铁扇公主肚子里的故事开始研制纳米武器，也是用的类比推理。

第二，类比推理是一种创造性思维方法，对人们提出假说、探索并发现真理有着重要作用。比如，阿基米德根据洗澡时水溢出浴盆的现象发现了"浮力原理"是用的类比推理；英国医生哈维通过对蛇的实验发现了血液循环的理论也是用的类比推理。

第三，类比推理是仿生学的理论基础，在科学发明和发展方面有着重要作用。

此外，类比推理还是人们说明道理、论证思想、说服他人以及进行辩护的有力武器。比如，荀子在《劝学》中，通过"蓬生麻中，不扶而直；白沙在涅，与之俱黑。兰槐之根是为芷，其渐之滫，君子不近，庶人不服"的类比，说明"君子居必择乡，游必就士，所以防邪辟而近中正也"的道理；而孟子通过类比推理论证自己的思想、说服君主接受自己建议的例子更是不胜枚举。

由此可见，类比推理与演绎推理、归纳推理一样，是人们认识客观世界的有力工具，在科学研究和人们的日常生活中起着重要作用。

第五节　不死药管不管用——巧用二难推理

《战国策》中有一个故事：

> 战国时期，有人献给当时楚国的君王楚顷襄王一枚长生不死药，这时楚王旁边站着的一个王宫卫士问送药的人："这药可以吃吗？"送药的人说："可以。"王宫卫士就一把夺过长生不老药，吃了下去。楚顷襄王很生气，下令要处死王宫卫士。王宫卫士辩解道："我问过送药的人，他说是可以吃的！所以罪不在我，而在送药的人。而且如果这药是真的不死之药，我吃了就不会死，如果我死在大王的刀下，那这不死药就是假的，可见有人在欺骗大王！"楚王觉得他说的话很有道理，于是就赦免了他。

在这个故事中，楚顷襄王因为王宫卫士吃了别人献给他的不死药，大发雷霆，要处死卫士。卫士就用一个二难推理给自己辩解：

如果这是真的不死之药，那么大王就杀不死我；

如果这不是不死之药，就证明大王被欺骗了；

或者这是不死之药，或者这不是不死之药；

所以，或者大王杀不死我，或者证明大王被欺骗了。

这个二难推理中，选言前提（"或者这是真的不死之药，或者这不是不死之药"）分别肯定了两个假言前提中不同的前件（"这是真的不死之药""这不是不死之药"），从而推出了肯定其不同后件的结论（"或者大王杀不死我，或者证明大王被欺骗了"），这个结论是一个选言判断。

所谓二难推理，就是以两个充分条件假言判断和一个有两个选言肢的选言判断为前提进行推演的复合判断推理。因为二难推理一般都由假言判断和选言判断构成，所以也被称为假言选言推理。

二难推理实际上是由两个假言前提提出两种情况，然后再用选言前提对其前件或后件进行肯定或否定，从而得出结论的一种推理形式。选言前提肯定或否定的情况不同，得到的结论也不同。

因为二难推理的前提包括假言判断和选言判断，这就要求在进行二难推理时，既要根据假言判断的逻辑性质，也要根据选言判断的逻辑性质。总的来说，要保证二难推理的有效性，要遵循以下四条规则：

第一，两个假言前提必须是充分条件假言判断且都为真。

第二，两个真的充分条件假言判断的前、后件间必须有必然联系。

第三，选言前提的选言肢要穷尽有关的可能情况。

第四，要遵循假言推理和选言推理的有关规则。

有这样一个故事：

有一个国王，每次处决犯人时，都会让犯人说一句话。如果这句话是真话，就把犯人绞死；如果这句话是假话，就把犯人砍头。总之，犯人都难免一死。有一次，一个囚徒被押赴刑场，国王照例让他说一句话。他想了想说："我会被砍头而死。"这下国王就犯难了：如果将其砍头，这句话就是真话，说真话应该被绞死的，这就违背了自己的诺言；如果将其绞死，这句话就是假话，说假话应该被砍头，这也违背了自己的诺言。不得已，国王只能放了他。

这个故事中，囚徒运用了这么一个推理：

如果我被砍头，那么国王就违背了自己的诺言；

如果我被绞死，那么国王也违背了自己的诺言；

或者我被砍头，或者我被绞死，那么，国王都要违反自己的诺言。

国王自然不愿意违背自己的诺言，所以只能放了囚徒。囚徒运用的这个推理也是二难推理。

根据二难推理的选言前提是肯定还是否定以及结论是简单判断还是复合判断，可以将其分为简单构成式、简单破坏式、复杂构成式和复杂破坏式四种基本的有效形式。

1.简单构成式

简单构成式是以选言前提肯定两个假言前提的不同前件，从而推出肯定其相同后件的结论的二难推理。因为推理运用了充分条件假言推理的肯定前件式，并且其结论是一个简单判断，所以该推理形式被称为二难推理的"简单构成式"。

前面关于"囚徒与国王"的那个推理就是二难推理的简单构成式：以选言前提（"或者我被砍头，或者我被绞死"）的两个选言肢来分别肯定两个假言前提的前件（"我被砍头""我被绞死"）而推出"国王都要违背自己的诺言"的结论。这个结论既是对假言前提的相同后件（"国王就违背了自己的诺言"）的肯定，又是一个简单判断。

此外，著名的"自相矛盾"的故事里也包含着一个二难推理：

如果你的盾能被你的矛刺穿，那么你就在说谎；

如果你的盾不能被你的矛刺穿，那么你也在说谎；

你的盾或者能被你的矛刺穿，或者不能被你的矛刺穿；

所以，你都是在说谎。

在这个二难推理中，选言前提也肯定了两个假言前提的不同前件，即"你的盾能被你的矛刺穿"和"你的盾不能被你的矛刺穿"，推出的结论则是对两个假言前提相同后件的肯定，即"你都是在说谎"。

由此可得出二难推理的简单构成式的三个特点：

第一，两个假言前提的前件不同，后件相同；第二，选言前提的两个选言肢分别肯定两个假言前提的前件；第三，所得结论是简单判断且是对两个假言前提相同后件的肯定。

2. 简单破坏式

简单破坏式是以选言前提否定两个假言前提的不同后件，从而推出否定其相同前件的结论的二难推理。因为推理运用了充分条件假言推理的否定后件式，并且其结论是一个简单判断，所以该推理形式被称为二难推理的"简单破坏式"。比如：

如果你继续吵闹，就会影响别人的工作；

如果你继续吵闹，就会影响别人的休息；

你或者不影响别人的工作，或者不影响别人的休息；

所以，你不能继续吵闹。

这个二难推理中，选言前提（"你或者不影响别人的工作，或者不影响别人的休息"）分别否定了两个假言前提的不同后件（"影响别人的工作""影响别人的休息"），从而推出了否定其相同前件的结论（"你不能继续吵闹"），这个结论也是简单判断。

由此可得出二难推理的简单破坏式的三个特点：

第一，两个假言前提的前件相同，后件不同；第二，选言前提的两个选言肢分别否定两个假言前提的后件；第三，所得结论是简单判断且是对两个假言前提相同前件的否定。

3. 复杂构成式

复杂构成式是以选言前提肯定两个假言前提的不同前件，从而推出肯定其不同后件的结论的二难推理。因为推理运用了充分条件假言推理的肯定前件式，并且其结论是一个属于复合判断的选言判断，所以该推理形式被称为二难推理的"复杂构成式"。

苏东坡有首《琴诗》："若言琴上有琴声，放在匣中何不鸣？若言声在指头上，何不于君指上听？"其中也包含着一个二难推理的复杂构成式：

如果琴声在琴上，那么放在匣中也能听到；

如果琴声在手指上，那么在手指上也能听到；

或者琴声在琴上，或者琴声在手指上；

所以，或者放在匣中也能听到，或者在手指上也能听到。

由此可得出二难推理的复杂构成式的三个特点：

第一，两个假言前提的前、后件都不同；第二，选言前提的两个选言肢分别肯定两个假言前提的不同前件；第三，所得结论是选言判断且是对两个假言前提不同后件的肯定。

4.复杂破坏式

复杂破坏式是以选言前提否定两个假言前提的不同后件，从而推出否定其不同前件的结论的二难推理。因为推理运用了充分条件假言推理的否定后件式，并且其结论是一个属于复合判断的选言判断，所以该推理形式被称为二难推理的"复杂破坏式"。比如：

如果他考上研究生了，就能继续读书；

如果他找到工作了，就能开始挣钱；

他或者不能继续读书，或者不能开始挣钱；

所以，他或者没有考上研究生，或者没有找到工作。

这个二难推理中，选言前提（"他或者不能继续读书，或者不能开始挣钱"）分别否定了两个假言前提的后件（"继续读书""开始挣钱"），从而推出了否定其不同前件的结论（"他或者没有考上研究生，或者没有找到工作"），这个结论也是一个选言判断。

看下面这则故事：

> 丈夫买回来三斤肉，准备晚上招待客人，可是贪吃的妻子却偷偷地把肉全吃了。等丈夫发现肉没了时，便去问妻子。
>
> 妻子说："肉都被那只馋猫偷吃了。"丈夫一把把猫抓过来，放在秤盘上称，发现猫正好三斤。丈夫就说："肉是三斤，猫也是三斤。如果这是肉，那么猫去哪儿了？如果这是猫，

那么肉去哪儿了？"妻子无言以对。

这个故事中，丈夫责问妻子时，就是运用了二难推理的复杂破坏式：

如果秤盘上的是肉，那么猫就不在了；

如果秤盘上的是猫，那么肉就不在了；

或者猫在，或者肉在。

所以，或者秤盘上的不是肉，或者秤盘上的不是猫。

这个二难推理就是通过选言前提分别否定两个假言前提的不同后件而推出否定其不同前件的结论的。

由此可得出二难推理的复杂破坏式的三个特点：

第一，两个假言前提的前、后件都不同；第二，选言前提的两个选言肢分别否定两个假言前提的不同后件；第三，所得结论是选言判断且是对两个假言前提不同前件的否定。

二难推理的特殊形式及效果，往往会被人尤其是诡辩者钻空子，故意运用错误的二难推理来迷惑或反驳他人。要破斥错误的二难推理，可以从以下三个方面入手。

第一，检验推理前提是否真实。

前提包括两个假言前提和一个选言前提，只要其中任一个前提不真实，这个二难推理就是错误的。对于假言前提来说，如果假言前提不是充分条件假言前提，或者其前、后件间没有必然联系，都会造成假言前提不真实；对于选言前提来说，如果选言肢没有穷尽所有可能性，那么这个选言判断就有可能不真实。比如：

如果你知道，那么我就不应该说；（说了重复）

如果你不知道，那么我也不应该说；（说了白说）

你或者知道，或者不知道；

所以，我不应该说。

这个推理中，第二个假言前提是不真实的，因为"你不知道"并不能成为"我不应该说"的充分条件，所以这个推理是错误的。

第二，检验推理形式是否正确。

二难推理又叫假言选言推理，所以要遵循假言推理和选言推理的相关规则。而充分条件假言推理有肯定前件式和否定后件式两个有效式，如果选言前提在肯定或否定假言前提的前、后件时，运用的不是充分条件假言推理的有效式，那就可能导致错误的二难推理。

比如：

如果他是凶手，那么他就有作案时间；

如果他是凶手，那么他就有作案动机；

他或者有作案时间，或者有作案动机；

所以，他是凶手。

从形式上看，这是二难推理的简单破坏式，那么选言前提就要分别否定两个假言前提的不同后件，最终推出否定其相同前件的结论。但是这个推理的选言前提却是对两个假言前提不同后件的肯定，结论也是对前件的肯定，所以是错误的。

第三，构造一个新的结构相似但结论相反的二难推理去反驳错误的二难推理。

在构造相反的二难推理时，要遵循以下四个规则。

第一，保留原二难推理假言前提的前件；第二，后件与原二难推理假言前提的后件相反；第三，列举充分的理由；第四，推出与原二难推理相反的结论。比如：如果要反驳我们在分析"检验推理前提是否真实"的过程中所举的错误推理，就可以构造一个相反的二难推理，即：

如果你知道，那么我就应该说；（可以更深入地了解）

如果你不知道，那么我更应该说；（说了就知道了）

你或者知道，或者不知道；

所以，我应该说。

显然，这个相反的二难推理与原二难推理假言前提的前件相同；后件及结论则与之相反；其中"可以更深入地了解"和"说了就知道了"就是所列举的理由。

通过构造相反的二难推理，就可以其人之道还治其人之身，有力地反驳错误的二难推理。

根据以上分析，可知二难推理是有力的论辩武器。实际上，二难推理本就来源于古希腊的论辩，普罗达可拉斯与欧提勒士之间的"半费之讼"就是一个著名的例子。

古希腊有一个名叫欧提勒士的人，他向著名的辩者普罗达哥拉斯学法律。两人曾订有合同，其中约定在欧提勒士毕业时付一半学费给普罗达哥拉斯，另一半学费则等欧提勒士毕业后头一次打赢官司时付清。

但毕业后，欧提勒士并不执行律师职务，总不打官司。

普罗达哥拉斯等得不耐烦了，于是向法庭状告欧提勒士，他提出了以下二难推理：如果欧提勒士这场官司胜诉，那么，按合同的约定，他应付给我另一半学费；如果欧提勒士这场官司败诉，那么按法庭的判决，他也应付给我另一半学费；他这场官司或者胜诉或者败诉，所以他无论是哪一种情况都应付给我另一半学费。

而欧提勒士则针对老师的理论提出一个完全相反的二难推理：如果我这场官司胜诉，那么，按法庭的判决，我不应付给普罗达哥拉斯另一半学费；如果我这场官司败诉，那么，按合同的约定，我也不应付给普罗达哥拉斯另一半学费；我这场官司或者胜诉或者败诉，所以我不应付给他另一半学费。

所以，二难推理最为广泛的用途便是辩论，通过在辩论中运用二难推理将对方陷入进退两难的境地，让其不管怎么选择都是错的，在诉讼辩论中尤其如此。从这个角度上说，这既是二难推理的作用，又是二难推理的目的。

Chapter 4

规律：

防不胜防的"神"逻辑

第一节　开篇话"规律"

规律，就是事物运动过程中固有的本质的必然的联系，它决定着事物的发展方向。人们在认识和改造客观世界的过程中，必须遵循一定的规律。规律是客观存在的，不以人的意志为转移。只有遵循事物发展的规律，才能推动事物的发展；违背了事物发展的规律，就必然会导致失败。

在人们进行思维活动的时候，要遵循一定的逻辑规律。事实上，思维规律本来就是逻辑学的三大研究对象之一。只有遵循逻辑规律，才能进行正确、有效的思维活动；而一旦违背了逻辑规律，就必然导致思维的混乱。逻辑规律就像是人类社会的法律，只要身处其中，就必须遵循。不同的是，法律规范的是人的行为，而逻辑规律规范的是人的思维活动。

逻辑规律可以分为特殊的逻辑规律和一般的逻辑规律，也有人把它分为非基本的逻辑规律和基本的逻辑规律，或者是具体的逻辑规律和基本的逻辑规律。

所谓特殊的逻辑规律是在某些特定范围内需要遵循的逻辑规律。比如，直言判断的对当关系、直言三段论、联言推理、假言推理、选言推理以及二难推理等所遵循的规则都是特殊的逻辑规律。在进行直言三段论推理时，就必须遵循直言三段论的逻辑规律；反之，直言三段论的逻辑规律也只适用于直言三段论推理，而不适用于其他推理。因此，特殊的逻辑规律的作用是有限的，只适用于某一特定范围。

一般的逻辑规律就是指逻辑的基本规律，即普遍适用于逻辑思维过程中的一般性规律。它一般包括同一律、矛盾律、排中律以及充足理由律。这四条基本的逻辑规律既是对人类思维活动的基本特征的反映，也是对人们进行正确的思维活动的要求。这些规律是人们长期进行思维活动的经验的总结，而它们又反过来指导、规范着人们的思维活动。逻辑的基本规律不但适用于概念、判断、推理、论证等各个具体领域，也作用于人们的日常生活、学习或者工作、研究等思维活动。逻辑的基本规律就像空气，存在于任何形式的思维活动中，也是任何形式的思维活动所不可或缺的。

如果把逻辑规律比作法律，特殊的逻辑规律就如同法律中的刑法、民法、经济法、婚姻法、知识产权法等，而逻辑的基本规律就好比国家的根本大法——宪法。刑法、民法、经济法、婚姻法、知识产权法等的制定都要依据宪法进行，特殊的逻辑规律也必须以遵循逻辑的基本规律为前提。

人们对逻辑规律的认识并不是完全相同的。逻辑实证主义者就认为，逻辑规律只是少数人之间的约定，并不适用于所有人群。根据这种观点，世界各个国家或地区的不同人群就会有不同的约定，而他们也只能依据自己的约定进行思维活动，彼此不能互相理解。而事实上，人们之间的交流和理解不仅一直存在着，而且越来越频繁。这主要是因为，人们进行思维的具体内容虽然各不相同，但却都遵循着逻辑思维的基本规律，这也正是不同语言、经历以及生活习惯中的人能够互相理解、交流的原因。而先验论者则认为逻辑思维规律是人们与生俱来的、主观自生的，而不是对客观规律的反映。这种观点割断了人们的理性认识与感觉经验和社会实践的联系，否认了认识同客观世界的反映与被反映的联系，因而是错误的。人非生而知之，而是经过后天的学习得来的，逻辑思维也是如此。所以，如果没有后天有意识地培养甚至训练，人们就不会形成遵循和运用逻辑规律的思维能力。

逻辑实证主义者与先验论者的共同错误就在于忽视了逻辑基本规律的客观性。而客观性，是逻辑基本规律的重要特征之一。物质决定意识，意识是物质的反映。思维活动作为一种意识，也是人们对客观世界的反映。虽然其形式上是主观，但其内容却是客观的。因为人的思维不可能凭空产生，任何思维的内容都来源于客观存在。而客观存在的规律反映到人的思维中，就使得人的思维规律具有了客观性，并且不以人的意志为转移。比如，"领导总说要听取群众的意见，我是群众，可他从没有听取过我的意见"。在这一思维过程中，前后两个"群众"虽然是同一个词语，但前者是集合概念，后者是非集合概念，违背了同一律的要求，因此是错误的。由此可见，逻辑的基本规律对人们正确进行思维活动有着不可或缺的规范性，是客观存在的，不能随人的意志任意改变。

逻辑基本规律的另一大特征是确定性。客观事物都是具有确定性的，比如，"天"就是"天"，"地"就是"地"，"天"

不会是"地"，"地"也不会是"天"。当一种事物具有某种属性时，就不能同时不具有该种属性。比如，如果"小明是他弟弟"是对的，那么"小明不是他弟弟"就不能同时是对的。诸如此类的事实都可以说明客观事物具有确定性，而客观事物的确定性又决定了思维的确定性。比如，当你对某一现象进行思维的过程中，你断定了它是什么或有什么，就不能再断定它不是什么或没有什么，否则就违背了逻辑基本规律中的矛盾律。

此外，逻辑基本规律还有两个基本特征，即普遍性和论证性。其存在的普遍性，简而言之，就是指逻辑基本规律对人们的思维活动具有普遍的规范性和指导意义。而人们在对某一思想或观点进行论断的过程中，逻辑基本规律也显示了它的论证性。事实上，正是在逻辑基本规律的规范下，论证过程才得以顺利进行。

总之，只有遵循逻辑的基本规律，才能使人们的思维活动具有一贯性、明确性和无矛盾性，也才能使我们的思维过程明确概念，进行恰当而有效的判断、推理和强有力的论证。

第二节 "十里桃花"骗来李白——妙用同一律

　　唐时汪伦者，泾川豪士也，闻李白将至，修书迎之，诡云："先生好游乎？此地有十里桃花。先生好饮乎？此地有万家酒店。"李欣然至。乃告云："桃花者，潭水名也，并无桃花。万家者，店主人姓万也，并无万家酒店。"李大笑，款留数日，赠名马八匹，官锦十端，而亲送之。李感其意，作《桃花潭》绝句一首。

　　这则轶事中的汪伦即是李白《赠汪伦》中"桃花潭水深千尺，不及汪伦送我情"中的汪伦。汪伦故意把深十里的桃花潭说成"十里桃花"，把姓万的主人开的酒店说成是"万家酒店"，终于迎来了李白。他这样做，到底是求贤若渴还是沽名钓誉且不去论，其巧妙运用同一律的做法则不能不让人赞叹，怪不得李白听了后也"大笑"不已并赠诗予他了。

　　作为逻辑基本规律之一的同一律是指在同一思维过程中，每一思想都与其自身保持同一性。这里的"同一"，既包括同一思维过程中的同一时间，又包括其中的同一关系和同一对象。也就是说，在推理或论证某一思想的时候，在同一思维过程中，涉及该思想的时间、关系以及对象都必须始终保持同一。前面的推理或论证中该思想出现时是什么时间、什么关系、哪个对象，后面推理或论证时也要是这一时间、这一关系和这一对象。这三个要素中有任何一个不同一，都会违反同一律，犯混淆概念、论题或转移概念、论题的错误。比如：唐代以后，古体诗尤其是长篇古体诗转韵的例子有很多，比如张若虚的《春江花月夜》和白居易的《琵琶行》《长恨歌》等。

这句话中，在论证"古体诗转韵"这一思想时，前面提到的时间是"唐代以后"，后面举的例子的时间却是"唐代"（张若虚、白居易俱为唐代人），在时间上没有保持同一性，因而是错误的。

一般来讲，时间、关系和对象都可以通过概念或判断表现出来。所以，在同一思维过程中，保持时间、关系和对象的同一性就是保持概念和判断的同一性。这也是同一律的基本要求。

保持概念的同一性就是要求在同一思维过程中，每一个概念都要与其自身保持同一性，即每一个概念的内涵和外延要具有确定性。这主要是因为，概念的内涵和外延都是极为丰富的，如果在同一思维过程中，前面用的是某概念的这一内涵或外延，而后面用的则是该概念的另一内涵或外延，那么这个概念的内涵和外延就是不确定的。这就违反了同一律，必然造成思维的混乱。比如：古希腊著名诡辩家欧布利德斯曾这样说："你没有失掉的东西，就是你有的东西；你没有失掉头上的角，所以你就是头上有角的人。"他的这一推理可以用三段论形式来表示：

凡是你没有失掉的东西就是你有的东西，

你头上的角是你没有失掉的东西，

所以，你头上的角是你有的东西。

在这个推理中，大前提中的"你没有失掉的东西"是指原来具有而现在仍没有失掉的东西；小前提中的"你没有失掉的东西"则是指你从来没有的东西，二者显然不是同一概念。从推理形式来说，这一推理犯了"四词项"错误；从思维过程来说，这一思维过程违反了同一律，犯了偷换概念的错误。这就是欧布利德斯的诡辩。

保持判断的同一性就是要求在同一思维过程中，每一个判断都要与其自身保持同一性，即每一个判断的内容都要具有确定性。也就是说，不管是在你表达自己的观点时，还是在你与别人进行讨论或辩论某一个问题时，或者是对某一错误观点进行反驳时，都要保持判断的确定性，即一个判断原来断定的是什么，后来断定的也要是什么，判断的真假值必须前后一致。否则就会违反同一律，造成思维的混乱。

明朝永乐年间，有一位朝廷大臣为母亲祝寿，明朝的大才子、《永乐大典》的主编解缙应邀前往。受邀的各位客人都带了礼物，但解缙却空手而来，大家都很意外。轮到解缙祝寿时，他要来文房四宝，挥笔写道："这个婆娘不是人。"众人大惊，那位为母亲祝寿的大臣的脸也阴沉了下来。解缙不以为意，继续写道："九天仙女下凡尘。"大家都松了口气，刚准备喝彩时，只见解缙又写道："个个儿子都是贼。"众人再次大哗，那个大臣似乎也忍不住要发作。解缙仍然不理会众人，不慌不忙地写下最后一句："偷得蟠桃献母亲。"

一时满堂喝彩。

这四句祝辞看似违反了同一律，但实际上却是解缙对同一律的巧妙运用。"这个婆娘不是人"与"九天仙女下凡尘"表面上看似无关，其实是对同一对象（大臣的母亲）所做的同一判断，因为九天仙女本就不是人而是神；同样，"个个儿子都是贼"与"偷"也是同一判断，因为偷东西的自然是贼了。解缙正是通过对同一律的巧妙运用，达到这样一个令人意想不到的效果的。

如果我们用 A 表示任一概念或判断，那么同一律的逻辑形式就可以表示为：A 是 A。也可以表示为：如果 A，那么 A。用符号表示就是：A → A。这一逻辑形式表示的是在同一思维过程中，每一个概念或判断都要与其自身保持同一性。

需要注意的是，同一律不是哲学上讲的"表示对事物根本认识的"世界观和"认识、改造客观世界的"方法论。也就是说，它本身并非是对一切事物都绝对与自身同一且永不改变的断定。它只是规范人们思维活动的一条规律，只对人们在同一思维过程中保持概念或判断的前后同一性做要求。而且，它并不否定概念或判断随着事物的发展产生的变化，只是要求人们在同一思维过程中不能任意改变概念和判断的确定性。

违反同一律的逻辑谬误

如果违反了同一律，就会犯逻辑错误，比如混淆概念、偷换概念、转移论题和偷换论题。其中，"混淆概念"和"转移论题"与"偷换概念"和"偷换论题"的区别在于犯前两种错误的认识主体一般是无意识的，而犯后两种错误的认识主体一般是有意识的。无意识的犯错可能是认识主体本身对同一律的认识或认真度不够，有意识的犯错则是认识主体为了达到某种目的而故意违反同一律。比如，为了反驳、讥讽或者幽默等而为之，或者为了诡辩而为之等。事实上，"偷换概念"和"偷换论题"本就是诡辩者的常用伎俩。具体内容会在逻辑谬误一章中详细叙述。

这里说一下转移论题和偷换论题。

转移论题是指在同一思维过程中，无意识地把某些表面相似的不同判断当作同一判断使用而犯的逻辑错误，也叫离题或跑题。同混淆概念一样，转移论题一般也是由认识主体对概念本身认识不清或逻辑知识欠缺而造成的。

> 李老师到学生小明家里家访，一进门就看到小明在抽烟。李老师严肃地看着小明，小明吓了一跳，满面通红地站在那里，不知道该怎么办。这时小明的爸爸从里屋出来，看到小明看着老师发呆，忙批评道："你这孩子真不懂事，别光自己抽啊，也给老师抽一支啊！"

小明的爸爸把李老师对小明的责备看作是对小明不礼貌的不满，因而做出小明"不懂事"，让他赶紧给李老师"抽一支"的判断，犯了转移论题的错误，不禁让人觉得好笑。

人们在说话、辩论或写文章时，也经常犯转移论题的错误。常见的情况是答非所问，或者长篇大论了半天，最后却离题万里，让人不知道他究竟在说什么。

> 一位病人与医生电话预约第二天看病的时间。完毕后，

病人不放心地问："医生，请问，除此之外我还有其他需要准备的吗？""把钱准备好。"医生马上回答道。

病人的询问是指在看病前是否还要做些有助于治疗的准备事宜，而医生却给出了与病人所问完全不同的回答，显然犯了转移论题的错误。

刘震云在其小说《手机》中描写费墨时，说他每次讨论一个问题好像都要从原始社会开讲，几千年一直讲下来，长篇大论。看似渊博，实际上不知所云。事实上，费墨所犯的就是转移论题的错误。

偷换论题是指在同一思维过程中，为达到某种目的而故意违反同一律，把某些表面相似的不同判断当作同一判断使用或者把一个新判断当作原来的判断使用而犯的逻辑错误。

有个议员为了攻击林肯，故意当着众人的面说："林肯先生有两副面孔，是一个标准的两面派！"林肯耸耸肩，无奈地说："先生，如果您是我，并且果真有另一副面孔的话，您还愿意整天戴着现在这副面孔出门吗？"

议员说"林肯有两副面孔"是想让众人觉得林肯是个两面派，但林肯却故意偷换了论题，采用自嘲的幽默方式不动声色地否定了议员的判断。

同一律的作用

同一律是逻辑的基本规律之一，也是对客观事物的反映。而遵循同一律，无疑是正确反映客观事物的前提。只有正确地反映客观事物，才能够做出正确的判断、推理和论证，从而进行正确、有效的思维活动。同时，同一律也是保证同一推理或论证过程中任一概念、判断与其自身同一的法则，而这又是保证思维的确定性的必要条件。此外，遵循同一律可以让人正确地表达自己的意见，反驳错误的观点，揭露诡辩者的真面目，让人们充分、有效地交流思想。

第三节　关羽也爱戴高帽——矛盾律揭露本质

据说，关羽死后成了天上的神。一次，他正在天庭散步，突然看到一个挑着一担帽子的人走过来。关羽喝道："你是干什么的？"这人答道："小的是卖高帽子的。"关羽怒斥道："你们这种人最可恨，许多人就是因为喜欢戴高帽子才犯了致命的错误。"这人恭敬地答道："关老爷您说得没错，世上有几个人能像您一样刚正不阿，对这种高帽子深恶痛绝的呢？"关羽心中大喜，便放他走了。走远后，这人回头看了下担子，发现上面的高帽子少了一顶。

这则故事中，关羽本来对喜欢戴高帽子的人是深恶痛绝的，可自己被人戴了高帽子后，却又大喜过望。对同一件事却有着完全相反的表现，可谓自相矛盾了。

一天，一个年轻人来到爱迪生的实验室，爱迪生很礼貌地接待了他。年轻人说："爱迪生先生，我很崇拜您，我很希望能到您的实验室工作。"爱迪生问道："那么，您对发明有什么看法呢？"年轻人激动地说："我要发明一种万能溶液，它可以毫不费力地溶解任何东西。"爱迪生惊奇地看着他说："您真了不起！不过，既然那种溶液可以毫不费力地溶解一切，那么您打算用什么东西来装它呢？"年轻人顿时语塞。

这则故事中，年轻人和上面故事中的关羽犯了同样的错误，都违反了矛盾律。既然"万能溶液"可以溶解一切，自然也能溶解实验设备及盛装它的器皿。如此一来这种溶液不但无法发明，更无法保存。这显然是自相矛盾的。

矛盾律就是指在同一思维过程中，互相否定的两个思想不能同时为真。这里的互相否定既指互相矛盾，也指互相反对。也就是说，在同一思维过程中，人们的任何推理、论证过程都必须保持前后一贯性，两个互相矛盾或互相反对的思想不能同时为真，必须有一个为假。这也是矛盾律对思维活动的基本要求。当然，同一思维过程也是指同一时间、同一关系和同一对象。

如果用 A 表示任一概念或判断，用非 A 表示任一概念或判断的否定，那么矛盾律的逻辑形式就可以表示为：A 必不非 A，或者 A 一定不是非 A。用符号表示则是 $\neg (A \wedge \neg A)$。这一逻辑形式表示的就是 A 与非 A 不能同时成立。

与同一律一样，我们也可以从概念和判断两个方面来对矛盾律加以说明。

首先，在同一思维过程中，两个互相矛盾或互相反对的概念不能同时为真。换言之，不能用两个互相矛盾或反对的概念去表示同一个对象。比如，在同一思维过程中，如果用"高"和"矮"同时形容一个人，或者用"熟"和"不熟"同时形容一份炒菜，就会违反矛盾律，造成思维的混乱。再比如，19 世纪，德国哲学家杜林提出了一个"可以计算的无限序列"的命题，这是一个关于概括世界的定数律。问题在于，如果是"无限序列"，就是不可计算的；如果是"可以计算的"，就不会是无限序列。既"可以计算"又是"无限序列"，显然自相矛盾。

当然，由于概念的内涵和外延极其丰富，如果是在不同的思维过程中，比如不同的时间或针对不同的对象时，互相矛盾的两个概念就不违反矛盾律。《古今谭概》中就有这么一个例子：

> 吴门张幼于，使才好奇，日有阄食者，俘作一谜粘门云："射中许入。"谜云："老不老，小不小；羞不羞，好不好。"无有中者。王百谷射云："太公八十遇文王，老不老；甘罗十二为丞相，小不小；闭了门儿独自吞，羞不羞；开了门儿大家吃，好不好。"张大笑。

"老"与"不老"、"小"与"不小"、"羞"与"不羞"、"好"与"不好"本是四对互相矛盾的概念，不能同时为真的。但经过王百谷一解，就完全说得通了："太公八十遇文王"，年龄是"老"了，但其心其志却"不老"；"甘罗十二为丞相"，年龄是"小"了，但其才却"不小"；而"羞不羞""好不好"则是对主人的反问。王百谷之所以用了两个互相矛盾的概念指称同一对象而又没有违反矛盾律，是因为这两个概念的外延并不同，是对同一对象不同角度的说明。

其次，在同一思维过程中，两个互相矛盾或互相反对的判断不能同时为真。换言之，不能用两个互相矛盾或反对的判断去对同一对象做断定：即如果断定了某对象是什么，就不能同时断定它不是什么或是别的什么。比如：形容一朵花时，不能既断定"这朵花是菊花"，又同时断定"这朵花不是菊花"；对一个人讲的话，不能既断定"凡是他说的话都是对的"，又同时断定"他说的有些话是错的"。

需要注意的是，两个判断互相矛盾是指这两个判断不能同真，也不能同假。根据逻辑方阵可知，直言判断中的 A 判断与 O 判断、E 判断与 I 判断是矛盾关系；模态判断中的□ P 与◇￢ P、□￢ P 与◇ P 是矛盾关系；正判断与负判断也是矛盾关系。比如："明天必然是晴天"与"明天可能不是晴天"是矛盾关系，不能同时为真，也不能同时为假。两个判断互相反对是指这两个判断不能同真，但可以同假。直言判断中的 A 判断与 E 判断是反对关系，模态判断中的□ P 与□￢ P 也是反对关系。比如："他是北京人"与"他是河南人"是反对关系，不能同真，但可以同假。

此外，有时候，对同一对象进行断定的判断里会含有两个互相矛盾或互相反对的概念，这也是违反矛盾律的。比如：

（1）天上万里无云，白云朵朵。

（2）这个结论基本上是完全正确的。

判断（1）中，"万里无云"，就不可能再"白云朵朵"，反之亦然，二者既不能同真，也不能同假，是矛盾关系；判断（2）中，"基本上"与"完全"不能同真，但可以同假，是反对关系。这两个判断都违反了矛盾律，因而都是错误的。

1. 违反矛盾律的逻辑错误

作为逻辑的基本规律之一，矛盾律对人们进行正确的思维活动有着重要的规范作用。在同一思维过程中，如果互相矛盾或互相反对的思想同时为真，或者说在同一时间和同一关系的前提下，对同一对象做互相矛盾或互相反对的判断，就会违反矛盾律，犯"自相矛盾"的错误。这种"自相矛盾"的错误，不仅指概念间的自相矛盾（比如"圆形的方桌""冰冷的热水"等），也包括判断间的自相矛盾（比如"这幅画上有两只蝴蝶"和"这幅画上有一只蝴蝶"等）。

违反矛盾律，实际上就是违反了同一思维过程中思想的前后一贯性。在日常生活中，我们说某个人"言而无信，出尔反尔"或者"前言不搭后语"就是指他们违反了思维过程的一贯性，犯了自相矛盾的逻辑错误。

事实上，与同一律一样，矛盾律也是对思维的确定性的一种要求。如果说同一律是从肯定的角度（即"A 是 A"）对同一思维过程中的思想的确定性进行规范，那么矛盾律（即"A 不是非 A"）就是从否定的角度对其进行规范。因此可以说，矛盾律实际上是同一律的一种引申。

2. 矛盾律的作用

对于规范人们思维活动的逻辑规律之一，矛盾律是人们的思维得以正确表达的必要条件。只有遵循矛盾律的要求，人们才能避免自相矛盾，保持同一思维过程中思想的首尾一贯性。其次，在提出某些科学理论时，也必须遵循矛盾律，因为任何科学理论中都不能存在自相矛盾的逻辑错误。

在日常运用中，矛盾律也是人们揭露逻辑矛盾、反驳虚假命题的重要依据。比如，人们可以通过证明一个假命题的矛盾命题或反对命题为真来间接证明原命题为假。这种方法在辩论中较为常用。此外，矛盾律在人们进行推理的过程中也发挥着积极作用。在同一思维过程中，依据矛盾律的要求，互相矛盾或互相反对的思想不能同时为真，必有一个为假。人们可以根据这一特征，对推理过程中两个互相矛盾或互相反对的思想进行排除，进而推出正确的结论。

第四节　非死即生也能脱困——善用排中律

从前有个国王，最为倚重甲、乙两个大臣。但这两个大臣却因政见不合，经常互相攻击。后来，甲大臣诬告乙大臣谋反。国王半信半疑，便打算用抓阄的办法来处理这件事。他吩咐甲大臣准备两个"阄"给乙大臣，抓着"生"就放了他，抓着"死"就处死他。甲大臣偷偷地在"阄"上做了手脚，给乙大臣写了两个"死"阄。乙大臣猜到了甲大臣的用心，心生一计，抽到一个"阄"后马上把它吞进了肚里。国王无奈，只得拿出剩下的那个"阄"，打开一看原来是"死"。于是国王说："既然这个是'死'阄，你吞下的那个必然是'生'阄了，这大概是上天的旨意吧。"乙大臣最终被无罪释放。

在这则故事中，国王就是利用排中律来判断乙大臣吞下的是"生"阄的。排中律是指在同一思维过程中，互相否定的两个思想不能同假，其中必有一个为真。

在这里，"互相否定的两个思想"是指互相矛盾或具有下反对关系的两个思想。这就是说，在同一思维过程中，不能对具有矛盾关系或下反对关系的两个思想同时否定，也不能不置可否或含糊其词，必须肯定其中一个为真，以使思维过程有序、思维内容明确。这也是排中律对思维活动的基本要求。当然，这里的"同一思维过程"也是指同一时间、同一关系和同一对象。

如果用 A 表示任一概念或判断，用非 A 表示任一概念或判断的否定，那么排中律的逻辑形式就可以表示为：A 或者非 A。用符号表示即是：A ∨ ┐A。这一形式就是说，在同一时间、同一关系的前提下，对指称同一对象的两个具有矛盾关系或下反对关系的思想不能同时否定，即"A"或"非 A"必有一真。这不仅是对概念的要求，也是对判断的要求。

根据逻辑方阵可知，在直言判断中，A 判断与 O 判断、E 判断与 I 判断具有矛盾关系，I 判断和 O 判断具有下反对关系；在模态判断中，□P 与 ◇┐P、□┐P 与 ◇P 具有矛盾关系，◇P 与 ◇┐P 具有下反对关系。正判断与负判断具有矛盾关系。比如：

（1）有些垃圾是可以回收的；有些垃圾是不可以回收的。

（2）加菲猫说的话很有意思；并非加菲猫说的话很有意思。

（1）组的两个判断具有下反对关系，其中必有一个为真，不能同假；（2）组则是具有矛盾关系的正、负判断，也不能同假，其中必有一真。

1. 违反排中律的逻辑错误

排中律是逻辑的基本规律之一，违反了排中律，就会犯"两不可"或"不置可否"的逻辑错误。所谓"两不可"，是在同一思维过程中，对具有矛盾关系或下反对关系的两个思想同时否定，即断定它们都为假而犯的逻辑错误。比如：被告伤人既非故意也非过失，所以批评教育一下即可。

伤人要么是故意伤人，要么是过失伤人，二者是互相矛盾的，其中必有一个为真。但这个判断却同时否定了这两种情况，犯了"两不可"的错误。再比如：

> 几个人在讨论世界上到底有没有上帝，甲说有，乙说没有。丙听了说道："我不同意甲，因为达尔文的进化论表明，人是由猿进化而来的，而不是上帝创造的，因此不存在上帝；我也不同意乙，因为世界上有那么多基督徒，既然他们都相信上帝，那上帝就应该是存在的。"

在这里，丙既否定了"世界上不存在上帝"，又否定了"世界上存在上帝"，而这两个判断在同一思维过程中是互相矛盾的，因而违反了排中律，犯了"两不可"的错误。

所谓"不置可否"，是在同一思维过程中，对具有矛盾关系或下反对关系的两个思想既不肯定，也不否定，而是含糊其词，不做明确表态。这可以分为两种情况，一是为了某个目的而回避表态，故意含糊其词。比如，鲁迅在他的杂文《立论》中讲了一个故事：

> 一户人家生了个男孩，满月时很多人去祝贺。你如果说这孩子将来肯定能升官发财，那么主人就会很高兴，但你也可能是在说谎；你如果说这孩子将来肯定会死，虽然没说谎，却可能会被主人揍一顿。你若既不想说谎，又不想挨打，可能就只能这么说："啊呀！这孩子呵！您瞧！那么……哎呀！

哈哈！"

在这里，这种含糊不清的态度实际上就是"不置可否"的表现。

还有一种情况是对两个互相否定的思想，用不置可否、含糊不清的语句去表达，不知道真正说的是什么意思，让人觉得模棱两可。比如："你认识他吗？""应该见过。"这个回答既可以理解为"认识"，也可以理解为"不认识"，表达含糊不清，所以也是"不置可否"的表现。

需要指出的是，有时候因为对思维对象缺乏足够的认识，因而一时不能对其做出明确的判断，这不能视为违反排中律，在科学研究中尤其如此。比如，银河系内是否有除地球外适合人类生存的星球？对于这一问题还不能做出非常明确的回答，因为人们对银河系还没有完全了解。所以，对这一问题不置可否并不违反排中律。另外，如果是出于实际情况的考虑，不宜做出明确表态或判断的时候，对某些事给予模糊的断定也不违反排中律。

法国革命家康斯坦丁·沃尔涅想要到美国各地游历，于是便去找美国第一任总统乔治·华盛顿，希望他能为自己提供一张适用于全美国的介绍信。华盛顿觉得开这样一封介绍信似乎很不妥，却又不好直接拒绝他。思来想去，终于想出一个办法。他找来一张纸，写了这么一句话："康斯坦丁·沃尔涅不需要乔治·华盛顿的介绍信。"然后把它给了康斯坦丁·沃尔涅。

"康斯坦丁·沃尔涅不需要乔治·华盛顿的介绍信。"这句话可以理解为康斯坦丁·沃尔涅即使不需要华盛顿的介绍信也可以周游美国，也可以理解为康斯坦丁·沃尔涅不需要华盛顿开介绍信，因而这张纸条不作数。华盛顿其实是故意用一种含糊的态度来让自己摆脱两难境地，虽然在形式上也是"不置可否"，但毕竟是出于外交的实际情况的考虑，因此不算违反排中律。

排中律的"排中"是排除第三种情况，只在两种情况间做判断。如果实际上存在第三种情况，同时否定其中两种也不违反排中律。比如：《韩非子》中有一则"东郭牙中门而立"的故事：

> 齐桓公将立管仲为仲父，令群臣曰："寡人将立管仲为仲父，善者（赞成者）入门而左（进门后往左走），不善者入门而右。"东郭牙中门而立（在屋门当中站着）。公曰："寡人立管仲为仲父，令曰（下命令说）：善者左，不善者右。今子何为中门而立？（你为什么站在中间？）"牙曰："以管仲之智为能谋（谋取）天下乎？"公曰："能。""以断（果断）为敢行（管理、处理）大事乎？"公曰："敢。"牙曰："若智能谋天下，断敢行大事，君因属（托付）之以国柄（国家大权）焉；以管仲之能，乘（利用）公之势，以治齐国，得无危乎？"公曰："善。"乃令隰朋治内，管仲治外，以相参（互相牵制）。

这则故事中，东郭牙既没有站在左边，也没有站在右边；既没有明确表示赞同立管仲为仲父，也没有明确表示反对立管仲为仲父。"站在左边"与"站在右边"虽然互相矛盾，但还存在第三种情况，即"站在中间"；同样，"明确赞同"与"明确反对"

虽然互相矛盾，但其中也存在第三种情况，即在某种程度上赞同或反对，或者说部分赞同或反对。因此，东郭牙同时否定"左边""右边"而选择"中门而立"并不违反排中律；同时否定"明确赞同""明确反对"而反问齐桓公，也不违反排中律。

此外，排中律只是规范人的思维活动的基本规律，它只规定同一思维过程中互相否定的两个思想不能同时为假，并不否定客观事物发展过程中客观存在的过渡阶段或中间状态。

2. 排中律与矛盾律的区别

排中律与矛盾律都是逻辑的基本规律之一，都是对人的思维活动的规范，都是在同一思维过程中对互相否定的两个思想做判断。这是其相同之处，其区别主要在于：

排中律是指同一思维过程中互相否定的两个思想不能同时为假，其中必有一真；矛盾律是指同一思维过程中互相否定的两个思想不能同时为真，其中必有一假。这是其基本内容的不同。

排中律的基本内容决定了它可以由假推真，同时保证思维过程的明确性，避免思维内容的模糊不清；矛盾律的基本内容则决定了它可以由真推假，同时保证思维过程的前后一贯性，避免思维活动出现逻辑矛盾。这是其主要作用的不同。

排中律适用于同一思维过程中具有矛盾关系或下反对关系的两个概念或判断，而矛盾律适用于同一思维过程中具有矛盾关系或反对关系的两个概念或判断。这是其适用范围的不同。

违反排中律就会犯"两不可"或"不置可否"的逻辑错误，

违反矛盾律则会犯"自相矛盾"的逻辑错误。这表示违反排中律和矛盾律造成的逻辑错误也是不同的。

　　理解了排中律和矛盾律的不同，才能根据其各自的基本内容来判断思维过程中是否存在逻辑错误，并根据其各自的基本要求来规范各种思维活动，正确表达自己的观点并有效地揭露、反驳错误的认识。

第五节　你还打你的父亲吗——警惕复杂问语

据说，古希腊有一个著名的提问：你还打你的父亲吗？

对于这个问题，如果做否定回答，就表示你现在不打你的父亲了，但以前打过；如果做肯定回答，就表示你不但以前打你的父亲，现在还打。也就是说，不管你是做肯定回答还是否定回答，都承认了你打过你父亲。

类似这样的问语叫作复杂问语。所谓复杂问语，就是指在问语中含有一个对方不具有或不能接受的预设前提或假定，不管答话人是做肯定回答还是否定回答，都表示其承认了这一预设前提或假定。比如，"你还打你的父亲吗？"这一复杂问语中就含有"你打过你父亲"这一假定，不管你是做肯定回答还是否定回答，结果都等于你承认了这一假定。再比如：

（1）你还抽烟吗？

（2）你是不是还是每天都打网络游戏？

（3）你的作业是不是又没有写完？

问语（1）中，不管是做肯定回答还是否定回答，都等于承认"我抽烟"这一假定；问语（2）中，不管是做肯定回答还是否定回答，都等于承认"我每天都打网络游戏"这一假定；问语（3）中，不管是做肯定回答还是否定回答，都等于承认"我经常完不成作业"

这一假定。所以，这三句都属于复杂问语。

复杂问语的运用

日常生活中，我们经常会遇到一些复杂问语，尤其是在回答脑筋急转弯时，人们经常会陷入提问者事先设计好的陷阱里。比如：在一个炎热的夏天，一群狗进行了一场激烈的赛跑，请问：取得第一名和最后一名的两条狗哪一条出的汗多一些？

在这个脑筋急转弯中，有一个假定，即"狗是出汗的"，你不管是回答"第一名"还是"最后一名"，都会承认这个假定，陷入出题者的陷阱中。因为狗根本没有汗腺，是不会出汗的。

在刑事侦查过程中，有时出于破案需要，刑侦人员也可能会通过复杂问语来使犯罪嫌疑人吐露实情。比如，"犯罪现场的新旧两把钥匙中，哪把是你的？"不管犯罪嫌疑人是回答"新的"还是"旧的"，都等于承认"我到过犯罪现场"这一预设前提。刑侦人员就可以此为突破口，对其进行进一步调查。

在法庭审判中，有时法官或律师也会使用复杂问语对被告提问，让其进行肯定或否定的回答，以此让他们承认这些问语中隐含的假定。比如：

秘鲁小说《金鱼》中有这样一个情节：

霍苏埃是瓜达卢佩船的一名渔工，因为不愿和船长拉巴杜做违法的走私生意，两人发生了搏斗。搏斗中，拉巴杜失足落水，为鲨鱼所吞食。拉巴杜之妻告霍苏埃谋杀，法官在审判霍苏埃时就连续使用复杂问语，意图诱使霍苏埃承认自己的谋杀罪。

（1）你对被害人拉巴杜，是否早就怀恨在心？

（2）你对拉巴杜不是早就怀恨在心的，是不是？

（3）你的意思是说，你对其他任何人都不怀恨在心，而拉巴杜是你的老雇主，你对他可能早就怀恨在心了。请被告人明确回答"是"还是"不是"，"有"还是"没有"？

复杂问语（1）中隐含着"拉巴杜是被害人"的假定；（2）中隐含着"你对拉巴杜先生是后来怀恨在心的"的假定。对于（3），因为霍苏埃说"我对任何人都不存在怀恨在心"，法官便故意曲解霍苏埃的话，将拉巴杜排除在"任何人"之外，其中实际隐含着"你对拉巴杜确已怀恨在心"的假定。对于这三个复杂问语，不管霍苏埃是做肯定回答还是否定回答，都等于承认其中隐含的假定。

但是，在刑侦过程中，尤其是法庭审判时，使用复杂问语难免会有"套供"之嫌，这是不允许的。《金鱼》中的法官接二连三地使用复杂问语，也是为了诬陷霍苏埃，并不符合审判规则。

此外，如果正确、适时、巧妙地运用复杂问语，不但可以在辩论时给对方设置陷阱，使其做出有利于己方的回答，而且在处理某些问题时也可能会有着意想不到的帮助。年轻时的乔治·华盛顿就曾用这种方法找回了丢失的马。

一天，华盛顿家的马丢了。在警察的帮助下，他们很快便发现了偷马人。但偷马人却坚称这匹马是他自己的，双方一时僵持不下。这时，华盛顿突然用双手捂住马的眼睛说：

"既然这匹马是你的，那么你告诉大家，这匹马的哪只眼睛是瞎的。"偷马人犹豫不决道："右眼。"华盛顿移开右手，但见马的右眼炯炯有神。偷马人急忙辩解道："我的意思是左眼，刚才说错了。"华盛顿慢慢移开左手，马的左眼同样完好无缺。偷马人还想狡辩，但警察打断了他："如果这真是你的马，你怎么会不知道马的眼睛根本没有瞎呢？看来你得跟我走一趟了。"

在这里，"这匹马的哪只眼睛是瞎的"这一问语中，隐含着"马一定有一只眼睛瞎了"的假定，不管偷马人回答哪只眼，都等于承认这一假定。而实际上，马的眼睛并没有瞎，由此可知这匹马肯定不是偷马人自己的。华盛顿就是通过巧妙运用复杂问语揭破偷马人的谎言的。

应对复杂问语的方法

《遥远的救世主》一书中，正天集团的老总裁去世后，提名韩楚风为总裁候选人。但按公司章程规定，新总裁应该在两个副总裁中产生。韩楚风对该不该去争总裁的位置难以决定，便请教他的朋友丁元英。丁元英说："那件事不是我能多嘴的。"韩楚风笑道："恕你无罪。"元英答道："一个'恕'字，我已有罪了。"

我们经常听到有人说"恕你无罪"，其实它其中也隐含着"你是有罪的"这样一个假定。既然无罪，又何须"恕"？既然要"恕"，就等于已经先认定"你"有罪了。丁元英的回答，就是指出了这句话中隐含的假定。虽然这不是复杂问语，但却有着复杂问语的某些特征，而丁元英的回答也给我们提供了应对复杂问语的某些方法。

排中律要求在同一思维过程中，对两个互相矛盾的概念或判断不能同时否定，必须肯定其中一个为真。但复杂问语却是同时否定了"是"和"不是"两种可能，即断定其都假，看上去似乎与排中律的要求相悖。但实际上它并没有违反排中律。因为复杂问语中隐含着一个假定，而这个假定又是人们不具有或不能接受的，也可以认为是错误的。所以，排中律并不要求对隐含错误假定的复杂问语盲目地做出明确应答。相反，为了避免陷入复杂问语的圈套，我们还可以采取下面几种方法来应对。

第一，揭示性回答，即在对方提出复杂问语后，揭示出其中隐含的错误假定，从而打破对方设下的圈套。比如，《金鱼》中的霍苏埃在回答复杂问语（1）时，就指出"拉巴杜不是被害人，因为这不是一起犯罪行为"；回答复杂问语（2）时，则指出"我对任何人都不怀恨在心"。再比如：古龙的小说《流星蝴蝶剑》中，孟星魂化名秦护花的远房侄子秦中亭刺杀孙玉伯，在审查他的身份时，孙玉伯的朋友陆漫天问孟星魂："你叔叔秦护花的哮喘病好了没有？"孟星魂答道："他根本没有哮喘病。"在这里，孟星魂也是通过采用揭示性回答指出了陆漫天问话中隐含的错误假定。

第二，反问式回答，即在对方提出复杂问语后，立即对其进行反问，让对方因措手不及而自乱阵脚。比如，如果有人用"你还抽烟吗"或"你什么时候戒烟了"询问从不抽烟的你，你就可以立即反问："谁说我抽烟啊？"

第三，答非所问式回答，既不揭示对方的问语中的错误假定，也不对其进行反问，而是用完全不相干的回答来应付。这样不但可以化解自己的窘境，也不会让对方太尴尬。比如，有一天叔叔问小林"你的作业是不是又没有写完"，小林就答道："叔叔，今天我们学了一首诗，我背给您听吧……"这样一来，就把"作业"的问题转换为"背诗"的问题，不但可以摆脱这个于己不利的问题，还可以趁机表现一下。

总之，复杂问语不同于一般的问语，有着自身的形态、特征和运用方式。而且，因为它在刑侦、询问等领域的特殊作用，也越来越受到人们更为广泛的关注和研究。

第六节　曹刿论战的依据——运用充足理由律

　　一个刻薄的老板在给员工开会时说："每年有52周，52乘以2等于104天；清明节、劳动节、端午节、中秋节、元旦各3天假期，共15天；春节、国庆节各7天假期，共14天；一年有365天，一天有24小时，每天你们花8小时睡觉，365乘以8除以24约等于121天；每天你们要花3个小时吃饭，365乘以3除以24约等于45天；每天上下班的路上再花2个小时，365乘以2除以24约等于30天。这样，你们这一年要花104天过周末，29天过假期，121天睡觉，45天吃饭，30天时间坐公交，这一共是329天；这样你们只有36天的时间上班。如果再除去病假、事假等6天，只剩下30天。同志们，一年365天你们只上班30天，还要迟到、早退、怠工，你们对得起我给你们的薪水吗？"

　　这个老板的计算过程看上去合情合理，但其得出的结论却与实际情况截然相悖。之所以出现这种情况，是因为他违反了逻辑基本规律中的充足理由律，用虚假的前提推出了一个错误的结论。

　　充足理由律是指在同一思维过程中，任何一个思想被断定为真，必须具有真实的充足理由，且理由与结论要具有必然的逻辑关系。

如果我们用 A 表示一个被断定为真的思想，用 B 表示用来证明 A 为真的理由，充足理由律的逻辑形式就可以表示为：

A 真，因为 B 真且 B 能推出 A。

其中，结论 A 叫作推断或论题，B 叫作理由或论据，可以是一个，也可以是多个。这个逻辑形式可以描述为：在同一思维或论证过程中，一个思想 A 之所以能被断定为真，是因为存在着一个或多个真实的理由 B，并且从 B 真必然可以推出 A 真。

《左传》中描写春秋初期齐鲁之间的"长勺之战"时，有这么一段记载：

> （齐鲁）战于长勺。公（鲁庄公）将鼓之。刿（曹刿）曰："未可。"齐人三鼓。刿曰："可矣。"齐师败绩。公将驰（追赶）之。刿曰："未可。"下视其辙，登轼而望之，曰："可矣。"遂逐齐师。

> 既克，公问其故。对曰："夫战，勇气也。一鼓作气，再而衰，三而竭。彼竭我盈，故克之；夫大国，难测也，惧有伏焉。吾视其辙乱，望其旗靡，故逐之。"

在这里，曹刿向鲁庄公解释鲁国战胜的原因时运用了充足理由律。理由一：士气上"彼竭我盈"。齐军第一次击鼓时士气高涨，所以要避其锋芒；第二次击鼓时其士气已开始衰落，所以要继续等待；第三次击鼓时其士气已经完全低落，而此时我军却士气高涨，所以能战胜他们。理由二：判断正确，乘胜追击。在击败齐军后，没有盲目追击，而是对其车辙、军旗进行观察，确定没有埋伏时再乘胜追击，所以能战胜他们。

这两条理由是充分的，也是真实的，所以能得出一个真实的推断，即"克之"。通过以上分析，我们可以得出充足理由律的三个基本逻辑要求：

第一，有充足的理由。没有理由或理由不充分时，都无法进行思维或论证。

第二，理由必须真实。即使有了充足的理由，如果这些理由不真实或不完全真实，就不能推出真实的结论。

第三，理由和推断之间有必然的逻辑联系。在有充足的理由且理由为真后，还要保证这些理由与推断存在必然的逻辑关系，也就是由这些理由能必然地得出真实的推断。

其实，所谓"充足的理由"就是指这些理由是所得推断的充分条件。如果把思维或论证过程看作一个假言判断，那么这些理由就是假言判断的前件，推断就是假言判断的后件。只有作为前件的理由是充足理由时，才能必然推出后件。换言之，如果以论据和论题作为前、后件的这一充分条件假言判断能够成立，那么论据就是论题的充足理由。

违反充足理由律的逻辑错误

我们经常说某人"信口开河""捕风捉影""听风就是雨"，其实就是说他违反了充足理由律，只根据片面或错误的理由就得出推断。通常来讲，违反充足理由律导致的逻辑错误包括"理由缺失""理由虚假"和"推不出"三种。

所谓"理由缺失"就是指其在同一思维过程中，在没有理由为根据的情况下凭空得出推断，或者只给出推断，却不给出充足的理由来证明这个推断而犯的逻辑错误，也叫作"有论无据"，即只有论题，没有论据。

从前，一个外国人到中国游历，回国时带回去几大包茶叶。他对妻子说："闲暇时品一品中国的茶，真是一种最美妙的享受啊！"他的妻子便烧了一大锅开水，然后把一大包茶叶倒了进去。几分钟后，她把茶叶水倒掉，将茶叶盛在两个杯子里端给丈夫，说："我们来品茶吧！"

在这则故事中，这个外国人就是犯了"理由不足"的逻辑错误，他只告诉了妻子一个推断，即"品中国的茶是种享受"，但并没有给出理由，即怎么泡茶、怎么品茶、为什么是享受等，结果闹出了笑话。

所谓"理由虚假"就是指在同一思维过程中，以主观臆造的理由或错误的理由为根据得出推断而犯的逻辑错误。

一个人去演讲，一登上讲台就问台下的听众："大家知道今天我要讲什么吗？"台下齐声道："知道！"这人就说道："既然你们都知道，那我就不讲了。"说完就要下台，台下的听众一看，马上又喊道："不知道！"这人叹口气说："如果你们什么都不知道，那我还讲什么呢？"说完又要离开。这时听众学乖了，一半人喊"不知道"，一半人喊"知道"。这人看了看台下，笑道："很好，那么，现在就请这一半知道的人讲给那一半不知道的人听吧。"说完就走下了讲台。

在这则故事中，这个演讲的人连续三次犯了"理由虚假"的错误：（1）只根据听众说"知道"就断定他们完全懂得自己要讲什么；（2）只根据听众说"不知道"就断定他们完全不懂得自己要讲什么；（3）只根据听众一半说"知道"一半说"不知道"就断定"知道"的一半可以讲给"不知道"的那一半人听。这三个推理的理由显然都是他主观臆造出来的虚假理由，因而必然得出错误的结论。

所谓"推不出"是指在同一思维过程中，理由虽然是真实的，但因其与推断之间没有必然的逻辑关系，因而不能必然得出推断为真。"推不出"也叫"不相干论证"，这一逻辑谬误在逻辑谬误一章还会论述。

充足理由律的作用

充足理由律可以保证人们思维过程的论证性，从而增强推理的有效性和论辩的说服力。比如，科学家在进行科学研究、提出科学理论时要有充足的事实作为依据，医生在查找病因时要观察病人的病情，警察在确定罪犯时要有确凿的证据，军事指挥员下命令时要对敌情做详细分析……表达或反驳某一观点时要有充分的依据，进行辩论或说服他人时要有足够的理由，以及日常生活中我们说的"以理服人""言之成理、持之有据"等都是充足理由律在实际运用中的体现。

此外，遵循充足理由律有利于证明比较复杂的思维或论证过程。人们在对某个思想进行思维或论证时，其过程是极其复杂的。在主观条件上可能涉及个人的生活经历、教育背景、知识水平以及世界观、人生观、价值观等；在客观条件上则可能涉及政治和历史原因、科技水平、经济状况等；在思维或论证手段上则可能涉及概念、判断、推理等各种形式。其中任何一个方面的缺失或不真实都可能造成思维或论证结果的错误。只有遵循充足理由律，把各种情况都考虑进去，运用充足、真实的理由，才能得出真实的结论。

作为逻辑的基本规律之一，充足理由律与同一律、矛盾律、排中律相互区别又相互联系。其区别在于，每条规律都是从不同的角度来规范同一思维过程的，各有各的特点。同一律、矛盾律、排中律本质上都是对同一思维过程中思维确定性的反映，而充足理由律则是对同一思维过程中思维论证性的反映。而且，违反了不同的逻辑规律也会导致不同的逻辑错误。

其联系在于，不管反映的是思维的确定性还是论证性，都是对人们的思维活动的规范。只有遵循这些规律，才能避免逻辑错误，得出真实有效的结论。

此外，只有先保证了思维的确定性，才能对其进行有效论证。比如，如果基本的概念、判断尚不确定，那么就不能确定概念与概念、判断与判断以及概念与判断间的关系，更无法用它们进行有效推理。所以，保证思维确定性的同一律、矛盾律、排中律是充足理由律的基础，或者说遵循同一律、矛盾律、排中律是遵循充足理由律的必要条件。同时，如果保证了思维的确定性，却不能保证论证过程的可靠性，也不能进行有效推理。换言之，思维的论证性是对思维确定性的深化和补充。所以，满足了同一律、矛盾律、排中律之后，还必须用充足理由律来对思维或论证过程进行规范，这样才能保证所得结论的必然性。如果说同一律、矛盾律、排中律是道路，那么充足理由律就是指南针。前者为前进开辟了道路，后者却最终保证着人们顺着正确的方向前进。所以，在进行思维或论证的时候，必须遵循这四条基本规律，缺一不可。

第七节　邹忌劝齐王纳谏——逻辑论证思维

《战国策》中有一则"邹忌讽齐王纳谏"的故事：

> 邹忌"修八尺有余，形貌丽"。有一天，他为了证明自己和住在城北的徐公谁更美，便分别询问自己的妻子、侍妾和访客，他们都说邹忌比徐公美。邹忌便根据这件事向齐威王进谏："臣诚知不如徐公美，臣之妻私臣，臣之妾畏臣，臣之客欲有求于臣，皆以美于徐公。今齐地方千里，百二十城，宫妇左右，莫不私王；朝廷之臣，莫不畏王；四境之内，莫不有求于王。由此观之，王之蔽甚矣！"

邹忌通过自己的妻子、侍妾、访客与齐威王的妃嫔、大臣、民众的类比，证明了齐威王"受蒙蔽一定很厉害"的论题。邹忌所运用的就是逻辑论证思维中的类比证明。

逻辑论证的含义和形式

逻辑论证就是用已知为真的判断通过逻辑推理确定另一判断真假的思维过程。

不管是在科学研究中，还是在日常生活中，都要用到逻辑论证。比如：

如果在三代以内有共同的祖先近亲之间通婚，会增加子女遗传性疾病的发生风险。这是因为，近亲结婚的夫妇有可能从他们共同祖先那里获得同一基因，并将之传递给子女。如果这一基因按常染色体隐性遗传方式向下一代传递，其子女就可能因为是突变纯合子而发病。因此，近亲结婚会增加某些常染色体隐性遗传疾病的发生风险。

在这里，"增加子女遗传性疾病的发生风险"这一结论的得出就是通过逻辑论证来实现的。再比如：

李某经常打儿子小兵，并且宣称"老子教训儿子是天经地义的"。为了制止李某的这种行为，小兵的老师正告李某道："根据《未成年人保护法》第二章第十条规定：父母或者其他监护人应当依法履行对未成年人的监护职责和抚养义务，不得虐待、遗弃未成年人。你这样做是违法的。"

在这里，老师援引法律证明李某"老子教训儿子是天经地义"的认识是错误的，也是法律所不容许的，运用的也是逻辑论证。

任何思维活动都离不开概念、判断和推理，逻辑论证在运用已知为真的判断确定另一判断的真实性或虚假性的过程，也是综合运用概念、判断和推理的过程。

需要指出的是，逻辑论证与实践证明是不同的概念。从本质上说，逻辑论证是人的意识对客观存在的反映，而实践证明则是一种实践活动。从形式上说，逻辑论证是对概念、判断和推理的综合运用，是通过已知为真的判断确定另一判断的真假；而实践证明则是人们通过实践活动的各项事实和结果来确定某个判断的真实性。从方式上说，逻辑论证要通过推理来进行，进行推理的过程也是确定各思维对象关系的过程；而实践证明则不能通过推理来进行，它只是将人们对思维对象的各种认识放在实践活动中进行检验。

但是，逻辑论证与实践证明也并非互不兼容。实践是检验真理的唯一途径，如果没有实践活动，就没有进行逻辑论证所必需的真实前提（即论据）及有效的论证方式。可以说，实践证明是逻辑论证的基础。正是有了实践对各种认识活动的证明，逻辑论证才能不断地深化。不仅如此，逻辑论证所得出的结果最终也需要通过实践来证明其真假。因为推理的性质决定了即使推理前提真实、推理形式完全正确，其所得的结论也并非全都为真，尤其是归纳推理和类比推理。所以，推理结论还要通过实践来检验。当然，逻辑论证毕竟是一种有着严谨科学性的论证方法，在实际运用的广度与深度上远比实践证明更具普遍性和概括性。同时，推理可以从已知推出未知，所以逻辑论证就具有了对未知事实推测性或预见性的性质。这对人们的认识活动显然有着极为重要的意义，是实践证明所没有且不可比拟的。如果说实践证明是人们对客观事物的感性认识，那么逻辑论证就是在此基础上形成的理性认识。事实上，逻辑论证就是将经实践证明了的结论上升为具有普遍意义的理论，并用这些理论对客观事物进行更为广泛和深入的研究。

总之，实践证明与逻辑论证是人们进行思维和论证的两种手段，它们互相依存、互为补充，像左膀右臂一样有力地服务于人们认识客观世界过程中所进行的各种活动。

按照论证目的的不同，逻辑论证可以分为证明和反驳两种形式。

所谓证明，就是用已知为真的判断通过逻辑推理确定另一判断为真的思维过程。比如，论证"增加子女遗传性疾病的发生风险"为真的过程就是一个证明过程。再比如，苏轼的《晁错论》中有一段话：

> 古之立大事者，不唯有超世之才，亦必有坚忍不拔之志。昔禹之治水，凿龙门，决大河而放之海。方其功之未成也，盖亦有溃冒冲突可畏之患；唯能前知其当然，事至不惧，而徐为之图，是以得至于成功。

在这段话中，苏轼就是通过大禹治水时不惧"溃冒冲突之患"并"徐为之图"这一真实判断来证明"古之立大事者，不唯有超世之才，亦必有坚忍不拔之志"这一判断为真的。

证明过程并不是简单易行的，有时候甚至要经过复杂、艰苦而又漫长的过程，在科学研究中尤其如此。我国著名数学家陈景润论证"哥德巴赫猜想"的过程就是如此：

> 18世纪中期，德国数学家哥德巴赫提出了"任何一个大于2的偶数均可表示两个素数之和"的命题，简称为"1＋1"。但他终其一生也没能证明出来，最终带着无限遗憾离开

了人世。"哥德巴赫猜想"犹如王冠上的明珠,其光彩让陈景润深深地着迷了。为了论证"哥德巴赫猜想",在那间不足 6 平方米的斗室里,经过十多年的潜心钻研,用掉了几麻袋的草纸后,陈景润在 1965 年 5 月发表了他的论文《大偶数表为一个素数及一个不超过二个素数的乘积之和》,简称为"1 + 2"。这一成果是"哥德巴赫猜想"研究上的里程碑,被人们称为"陈氏定理"。中国的数学家们曾用这样一句话来评价陈景润:他是在挑战解析数论领域 250 年来全世界智力极限的总和。

所谓反驳,就是用已知为真的判断通过逻辑推理确定另一判断为假的思维过程。比如,小兵的老师论证"老子教训儿子是天经地义"为假的过程就是一个反驳的过程。

在论证过程中,证明与反驳是对立统一的。证明是确定一个判断为真,是"立",反驳则是确定一个判断为假,是"破";证明是用来证实正确的,而反驳则是用来批判谬误的。这是它们的对立之处。但是,确定一个判断为假,也就是确定对它的证明不成立。换言之,反驳某个判断,就是证明其否定判断;证明某一判断,也就是反驳其否定判断。由此可知,反驳中有证明,证明中也有反驳。它们并不是互相排斥的,而是互为补充、相辅相成的。在复杂、艰苦或漫长的论证过程中,常常会综合运用证明和反驳两种不同的形式,将证明真理和反驳谬误结合起来。

逻辑论证的特征和作用

根据以上分析，可知逻辑论证有两个基本特征：逻辑论证要通过推理形式来实现；逻辑论证的已知判断（即论据）必须是真实的。

推理是逻辑论证的手段，也是进行逻辑论证的必要条件。逻辑论证离不开推理，不通过推理形式进行的论证不是逻辑论证，比如实践证明就不是通过推理形式来论证的。此外，与推理一样，逻辑论证也要遵循各种逻辑规律和规则，并且通过判断间的真假关系进行推演。实际上，逻辑论证的论据就是推理的前提，而其论题则是推理的结论。

比如：

地球是圆形的（论题），因为凡是球形的物体，从其中某点出发一直往前走（论据），还会回到原点；麦哲伦正是从西班牙起航，最后又回到了西班牙（论据）。

这是对"地球是球形"的证明。我们可以将其用推理形式表示出来：

凡是球形的物体，从其中某点出发一直往前走，还会回到原点，

麦哲伦从地球的某点（西班牙）出发，最后又回到了原点（西班牙），

所以，地球是球形的物体。

上面这个逻辑论证的两个论据正好是推理的大小前提，而其

论题则是推理的结论。由此可见，逻辑论证的结构就是颠倒后的推理形式，推理是已知前提在先而结论在后，逻辑论证则是结论在先而已知前提在后。

除此之外，还要注意的是，推理是由已知推出未知，而逻辑论证则是由已知为真的判断确定另一判断的真假；推理并不要求已知前提都为真，而逻辑论证的前提则必须是真实的；推理的过程比较单一，只要推理形式正确且符合推理规则，就能进行有效的推理，而逻辑论证的过程比较复杂，有时甚至是漫长的，往往是各种推理形式的综合运用。而且，除了论证方式可能因不遵循推理形式和规则而出现错误外，论据和论题也可能出错。

逻辑论证有助于人们发现和揭示真理。逻辑论证也是一个思维过程，是意识对客观事物及其规律的反映。而对客观事物及其规律进行严密的逻辑论证，也有助于发现和揭示出这些规律和真理。在发现规律或真理后，为了让人们接受、信服并广泛运用它们指导各种实践活动，还必须通过逻辑论证来证明其正确性，在此过程中达到传播真理、推广知识以及揭露、反驳谬误的目的。

在科学研究中，逻辑论证也发挥着重要作用。很多科学假说就是根据逻辑论证提出的，而科学假说对科学理论的确定以及科学体系的建立又有着重要影响。因此，可以说，除少数公理外，大多数科学理论都是通过逻辑论证确定的，没有逻辑论证就没有科学理论体系。

在日常生活中，逻辑论证也是人们表达或反驳某一观点以及人际沟通的重要手段。比如，在病情诊断、刑事侦查、审判、辩论、写作以及说话等各种活动中，人们都能够通过使用逻辑论证使自己的思想或判断更为严谨、完整、有说服力。

逻辑论证的结构

逻辑论证通常是由论题、论据和论证方式三部分组成的。

1. 论题

论题就是通过逻辑论证确定其真假的判断。论题回答的是"论证什么"，即"证明什么或反驳什么"的问题。它是进行逻辑论证的目的。比如：

> 设一个直角三角形的两个锐角为角 A 和角 B，根据直角三角形的定义可知，直角三角形有一个角是 90 度；根据三角形内角和等于 180 度可知，180 度减去 90 度等于 90 度，即角 A 和角 B 之和为 90 度。所以，在直角三角形中，两个锐角互余。

在这个论证过程中，"在直角三角形中，两个锐角互余"就是论题。

论题通常包括两种：

（1）已被科学原理或事实证明真假的判断。比如，各类公理、定理、定律等，都是根据科学原理或事实，通过逻辑论证或实践活动被证明为真的判断；而"燃素说""造物主""永动机"等都是根据科学原理或事实，通过逻辑论证或实践活动被证明为假的判断。人们可以利用这类已被证明真假的判断来指导各项研究、传播真理或揭露谬误。

（2）未被科学原理或事实证明真假的判断。比如，有关生命的起源、宇宙的形成、是否存在有智慧的外星人等的各种观点都是还没有被证明真假的理论。人们可以利用这类未被证明真假的判断进行科学假说，并通过逻辑论证来证明或反驳这些假说。

需要指出的是，有些议论文的标题虽然是论题，但论题并不等于标题。如果将论证过程比作一篇文章，那么论题就是这篇文章的论点。此外，即使已知都为真，论题的真假也不确定。比如：

《列子·汤问》中有一则"两小儿辩日"的故事：

孔子东游，见两小儿辩斗。问其故。

一儿曰："我以日始出时去人近，而日中时远也。"

一儿以日初出远，而日中时近也。

一儿曰："日初出大如车盖，及日中则如盘盂，此不为远者小而近者大乎？"

一儿曰："日初出沧沧凉凉，及其日中如探汤，此不为近者热而远者凉乎？"

这则故事中，一个孩子的论题是"日始出时去人近，而日中时远"，另一个孩子的论题是"日初出远，而日中时近"。事实上，太阳与人的距离一直没变，这种现象都是地球自转的原因。所以，这两个论题都是虚假的。

2. 论据

论据就是用以确定论题真假的判断，或者说论据是确定论题成立的证据或理由。论据回答的是"用什么来论证"，即"用什

么来证明或反驳"的问题。它是进行逻辑论证的依据。比如:

在"直角三角形中两个锐角互余"的论证中,论据即是:

(1)直角三角形的定义。

(2)三角形内角和等于180度。

在"两小儿辩日"中,一个孩子的论据是"日初出大如车盖,及日中则如盘盂", 另一个孩子的论据是"日初出沧沧凉凉,及其日中如探汤"。

论据通常也包括两种:一种是理论论据,即已被确定为真的科学原理。各类公理、定理、定律等都是理论论据。比如,在"直角三角形中两个锐角互余"的论证中运用的就是理论论据。另一种是事实论据,即被事实证明的判断。比如,在"两小儿辩日"的论证过程中运用的就是事实论据。

需要注意的是,论据和论题之间必须具有逻辑上的必然联系,并且论据要充足、真实。

3. 论证方式

论证方式是指逻辑论证过程中采用的推理形式或论题和论据之间的联系方式。它回答的是"怎样论证",即"怎样用论据来论证论题"的问题。

根据逻辑论证过程中采用的推理形式的不同,论证方式可以分为演绎论证、归纳论证和类比论证。其中,演绎论证就是根据演绎推理"由一般到个别"的推理形式进行逻辑论证的方式。比如,在"直角三角形中两个锐角互余"的论证中采用的就是演绎推理。归纳论证就是根据归纳推理由"个别到一般"的推理形式进行逻辑论证的方式。比如，在"两小儿辩日"的论证中采用的就是归纳推理。类比论证就是根据类比推理的推理形式和特征进行逻辑论证的方式。

不过，由于论证过程的复杂性，有时候，在同一论证过程中，要综合运用多种论证方式才能最终证明或反驳论题。

如果说论题是一件衣服，论据是做衣服的布料，那么论证方式就是做衣服的方法；如果说论题是一篇议论文的论点，论据是证明论点的材料，那么论证方式就是这篇文章的议论方法。也就是说，论题和论据反映的是思维对象的内容，而论证方式反映的则是对思维对象进行论证的形式。形式与内容相区别，但形式并不独立于内容之外，而是隐含、表现在内容之中。所以，论证方式并不独立于论题和论据之外，而是隐含、表现在整个逻辑论证过程中。与论题和论据不同，论证方式没有真假之分，只有对错之别。它就像是条纽带，联结着论题和论据。只要明白了论证过程中采用的是哪种推理形式，就可以判断出它的论证方式；只有正确地运用各种推理形式，才能根据正确的论证方式从论据中推出论题。

证明的方法

证明是论证的一种形式，就是用已知为真的判断通过逻辑推理确定另一判断为真的思维过程。换言之，证明就是用真实的论据，采取适当的论证方式确定论题的真实性的论证方法。在结构上，证明也是由论题、论据和论证方式组成的。

在证明过程中，论证方式是多种多样的，因而证明的方法也是多种多样的。

直接证明和间接证明

在证明论题真实性的过程中，根据是否需要借助反论题可以将证明方法分为直接证明和间接证明两种。所谓反论题就是证明过程中，与原论题相矛盾的论题。

1. 直接证明

直接证明就是由真实的论据直接确定论题为真的证明方法。它是从论题出发，通过给它提供真实的直接理由来证明其真实性，也可称为顺推证法、由因导果法。直接证明不需要反论题这一中介。比如：正方形的四条边相等，四个角都是90度，这个窗户是正方形，所以这个窗户四条框相等，四个角都是90度。再比如：

> 手机辐射会给人体健康带来不良影响。使用手机进行通话时，手机会发射无线电波。而任何一种无线电波都会或多或少地被人体吸收，从而改变人体组织，这有可能给人体的健康带来不良影响。这些电波就被称为手机辐射。所以，手机辐射会给人体健康带来不良影响。

在这个证明过程中，使用了三个论据：任何无线电波都会或多或少地被人体吸收，从而改变人体组织，给人体健康带来不良影响；用手机进行通话时会发射无线电波；无线电波就是手机辐射。而这三个论据直接证明了"手机辐射会给人体健康带来不良影响"这一论题。

如果用 A 表示论题，用 B、C、D 等表示论据，直接证明的证明过程如下：

论题：A

论据：B、C、D……

证明：因为 B、C、D……真，且 B、C、D……推出 A，所以 A 真。

其中，论据 B、C、D 等包括已知条件和各种科学定义、定理、公理等。

2. 间接证明

间接证明是通过证明与原论题相矛盾的反论题为假来证明原论题为真的证明方法。也就是说，间接证明的论据不与原论题直接发生联系，而是与反论题相联系。常用的间接证明方法有反证法和选言证法。

所谓反证法，就是先证明反论题为假，然后根据排中律确定原论题为真的证明方法。当无法从正面证明原论题或从正面证明较为复杂、困难时，一般会采用反证法。比如，在巴基斯坦电影《人世间》中有这么一段情节：

> 女主人公拉基雅的丈夫恶贯满盈，最后被人枪杀。在她丈夫被杀时，拉基雅也在案发现场并开了枪。根据这两个证据，拉基雅被指控为凶手，遭到警方逮捕。但是，老律师曼索尔却用足够的证据证明了拉基雅不是杀人凶手，将其从绝境中救了出来。在法庭上，曼索尔提供的证据如下：如果拉基雅是凶手，那么至少有一颗子弹会击中被害人。但根据现场勘查，拉基雅发射的五颗子弹全打在了对面的墙上，所以她不是凶

手；因为拉基雅是在被害人正面开的枪，如果拉基雅是凶手，子弹也一定是从正面击中被害人。但根据法医鉴定，子弹是从背后击中被害人的，所以她不是凶手。

在这个故事中，曼索尔就是通过反证法，先证明"拉基雅是凶手"为假，从而证明"拉基雅不是凶手"为真。

一般而言，反证法有三个步骤：

第一，设立反论题，即先设立一个与需要被证明的论题相矛盾的论题。比如，曼索尔在为拉基雅辩护时，就先设立了"拉基雅是凶手"这一反论题。

第二，证明反论题为假。在这一步骤中，通常会采用充分条件假言推理，并采用由否定后件推出否定前件的"否定后件式"来证明反论题为假。比如，曼索尔在为拉基雅辩护时，就运用了两个充分条件假言推理：如果拉基雅是凶手（前件），那么至少有一颗子弹会击中被害人（后件）；如果拉基雅是凶手（前件），子弹一定是从正面击中被害人（后件）。

然后，曼索尔根据事实断定这两个推理的后件为假推出前件"拉基雅是凶手"为假。

第三，证明原论题为真。在这一步骤中，通常会运用排中律。因为根据排中律可知，相矛盾的两个判断中必有一个为真。既然反论题为假，那么原论题必为真。比如，既然"拉基雅是凶手"为假，那么"拉基雅不是凶手"就必为真了。

如果用 A 表示论题，用非 A 表示反论题，间接证明的证明过程如下：

原论题：A

设反论题：非 A

证明：非 A 假，所以 A 真。

需要注意的是，反论题与原论题一定要是矛盾关系，而不能是反对关系，因为具有反对关系的两个判断是可以同时为假的。

所谓选言证法，就是通过证明与论题相关的其他可能论题为假，从而证明该论题为真的证明方法，也叫淘汰法或排除法。具体地说，选言证法一般是运用选言推理的否定肯定式进行证明的。它先列举出选言前提的所有选言肢，然后否定除某选言肢（即论题）外的其他选言肢都为假来证明该选言肢（即论题）为真。比如，鲁迅在《拿来主义》一文中论证"拿来"与"送来"时说：

> 但我们被"送来"的东西吓怕了。先有英国的鸦片，德国的废枪炮，后有法国的香粉，美国的电影，日本的印着"完全国货"的各种小东西。于是连清醒的青年们，也对于洋货发生了恐怖。其实，这正是因为那是"送来"的，而不是"拿来"的缘故。所以我们要运用脑髓，放出眼光，自己来拿！

在这段话中，鲁迅就是运用选言证法来证明"拿来"的正确性的。对于国外的东西，不管是制度、科技还是思想，要么是别人"送来"，要么是自己"拿来"。既然一系列事实证明靠"送来"是不行的，那么只有采取"拿来"主义了。

选言证法一般也分为三个步骤。

第一，设立一个包括原论题在内的选言论题。比如，鲁迅在论证"拿来主义"时，实际上就是设立了"对于国外的东西，要么是等别人送来，要么是自己去拿来"这一选言论题。

第二，证明除原论题外的其他论题都为假。比如，鲁迅就是先证明了等别人"送来"是不行的，因为"送来"的东西有好有坏，这样就会陷入被动。

第三，证明原论题为真。在这一步骤中，就要运用选言推理的否定肯定式了，即否定一部分论题，就是肯定剩下的论题。比如，鲁迅否定"送来主义"，就是证明"拿来主义"是正确的。

如果用 A 表示原论题，用 B、C 等表示与原论题相关的论题，选言证法的证明过程如下：

原论题：A

证明：要么 A，要么 B，要么 C

B 假，C 假，

所以，A 真。

需要注意的是，在列举与原论题相关的其他论题时，一定要穷尽所有可能情况。只有这样，才能证明原论题为真的唯一性，从而保证这个证明过程的有效性。

反证法中设立的反论题一般是原论题的矛盾论题，而选言证法中设立的反论题通常为与原论题具有反对关系的论题。此外，反证法运用的是充分条件假言推理的否定后件式和排中律，而选言证法运用的则是选言推理的否定肯定式。

必然性证明和或然性证明

根据论证方式的不同，证明方法可以分为必然性证明和或然性证明。

1. 必然性证明

必然性证明是以必然推理为论证方式的证明方法。只要必然性证明的论据真实，论证方式有效，论题就必然为真。它主要包括演绎证明和完全归纳证明。

演绎证明就是运用演绎推理"由一般到个别"的推理形式进行逻辑论证的证明方法。

它主要是从真实的科学原理、定律、定理等论据出发证明论题的真实性。比如，我们上面提到的曼索尔证明拉基雅不是凶手时，运用的就是演绎证明，即

（1）如果拉基雅是凶手，那么至少有一颗子弹会击中被害人，

没有一颗子弹击中被害人，

所以，拉基雅不是凶手。

（2）如果拉基雅是凶手，子弹一定是从正面击中被害人，

子弹不是从正面击中被害人，

所以，拉基雅不是凶手。

这两个论证方式都是从一般性认识推出个别性或特殊性认识的演绎推理。

完全归纳证明就是运用完全归纳推理"由个别到一般"的推理形式进行逻辑论证的证明方法。比如：

张三对李四说："我思来想去，你只有两件事不行。"

李四喜道："哪里，你这评价太高了，不敢当啊！不知道我哪两件事不行呢？"张三道："这件事也不行，那件事也不行。"

在这则故事中，张三其实就是通过完全归纳推理证明李四"做什么事都不行"的。因为，"这件事"与"那件事"已经涵盖了全部事情。其推理形式可以表示为：

李四做这件事也不行，

李四做那件事也不行，

（这件事、那件事是"事情"的全部对象）

所以，李四做什么事都不行。

2. 或然性证明

或然性证明是以或然推理为论证方式的证明方法。或然性证明不是严格的逻辑证明，即便论据全部真实，论证方式正确有效，论题的真实性也不是必然的。它主要包括不完全归纳证明和类比证明。

不完全归纳证明就是运用不完全归纳推理"由个别到一般"的推理形式进行逻辑论证的证明方法。它包括简单枚举归纳证明和科学归纳证明两种形式。比如：

> 诗歌的发展经历了一个漫长的过程。最初，诗歌起源于上古的社会生活，是从劳动生产、两性相恋、原始宗教等中产生的一种有韵律、富有感情色彩的语言形式。《诗经》就是在此基础上整理出来的，它是我国第一部诗歌总集。后来，又经过楚辞、汉赋、汉乐府诗、建安诗歌、魏晋南北朝诗歌、唐诗、宋词、元曲等的发展，从格律到形式都完善起来，内容也更加丰富。

这段话就是通过不完全归纳证明来论证"诗歌的发展经历了

一个漫长的过程"这一论题为真的。虽然它列举了不少论据（从"诗歌的起源"到这段话结尾），但却并没有将诗歌发展的复杂过程完全列举出来，所以由此论证论题为真的证明方法就是简单枚举归纳证明。

类比证明就是运用类比推理进行逻辑论证的证明方法。它是以一般性的原理或具体的个别性事例作为论据，对两个或两类对象在某些属性上的相同或相似之处进行类比，根据某一个或一类对象具有某种属性证明另一个或一类对象也具有该属性。它是从"一般到一般"或"个别到个别"的证明方法。

需要注意的是，在运用证明方法对某一论题进行逻辑论证时，一定要保持论据的真实性以及推理形式的有效性，否则就不能有效证明论题为真。

反驳的方法

反驳也是论证的一种形式，就是用已知为真的判断通过逻辑推理确定另一判断为假的思维过程。在结构上，反驳是由被反驳的论题、反驳的论据以及反驳方式组成的。其中，被反驳的论题就是被确定为假的判断，反驳的论据是指借以确定被反驳论题为假的判断，反驳方式则是指在反驳过程中运用的论证方式。

根据反驳的结构可知，进行反驳时可以采取反驳论题、反驳论据和反驳论证方式三种方法。

反驳论题

反驳论题就是论证对方的论题为假的反驳方法。根据反驳论题过程中是直接反驳还是间接反驳的不同，反驳论题可以分为直接反驳论题和间接反驳论题两种方法。

1. 直接反驳论题

直接反驳论题就是由真实的论据直接确定论题为假的反驳方法。其中，论据可以是客观事实，也可以是一般原理或科学理论。直接反驳论题不需要借助中间环节，只需根据真实的论据，采用合理的反驳方式从正面确定论题为假即可。在直接反驳论题时，通常使用演绎推理或归纳推理的反驳方式。比如：

《天龙八部》中的丁春秋大言不惭，老说自己"法力无边"，可却接连败在虚竹、乔峰手下，可见他的"法力"的确不怎么样。

这句话中，就是根据丁春秋"接连败在虚竹、乔峰手下"这一事实来反驳他"法力无边"这一论题的。

《孟子·离娄上》中有一段对话：

淳于髡曰："男女授受不亲，礼与？"

孟子曰："礼也。"

曰："嫂溺，则援之以手乎？"

曰："嫂溺不援，是豺狼也。男女授受不亲，礼也；嫂溺，援之以手者，权也。"

在这则对话里，淳于髡显然并非不知道"嫂溺"当"援之以手"，只问孟子而已。既然淳于髡有此一问，那就证明当时确实有人说他故意泥古不化，认为"男女授受不亲"是礼教的规定，因此即使嫂子落水了也不能去救，因为要救她势必会有身体上的接触。孟子在反驳这一错误观点时，运用了直接反驳论题的方法，即"嫂溺不援，是豺狼也"。

如果用 A 表示被反驳的论题，用非 A 表示它的否定论题，直接反驳论题的反驳过程即如下：

被反驳论题：A

反驳的论据：事实或科学原理非 A

结论：A 假

反驳方式：直接反驳

2. 间接反驳论题

间接反驳论题是通过证明被反驳论题的矛盾或反对论题为真，从而根据矛盾律确定被反驳论题为假的反驳方法。它包括独立证明法和归谬法两种方法。

所谓独立证明法，就是先证明与被反驳论题相矛盾或反对的论题为真，再根据矛盾律确定被反驳论题为假的反驳方法。比如，南北朝时著名的唯物主义思想家范缜在其《神灭论》中说道：

> 或问予云："神灭，何以知其灭也？"答曰："神即形也，形即神也。是以形存则神存，形谢则神灭也。"
>
> 问曰："形者无知之称，神者有知之名，知与无知，即事有异，神之与形，理不容一，形神相即，非所闻也。"答曰："形者神之质，神者形之用，是则形称其质，神言其用，形之与神，不得相异也。"
>
> 问曰："神故非质，形故非用，不得为异，其义安在？"答曰："名殊而体一也。"
>
> 问曰："名既已殊，体何得一？"答曰："神之于质，

犹利之于刃，形之于用，犹刃之于利，利之名非刃也，刃之名非利也。然而舍利无刃，舍刃无利，未闻刃没而利存，岂容形亡而神在。"

在这段话中，范缜通过"刀刃"与"锋利"的比喻，证明了"形者神之质，神者形之用"的观点，并由此推出"神即形也，形即神也，形存则神存，形谢则神灭"，人的"神"和"形"是结合在一起的统一体，从而证明了"神灭论"的正确性。证明了"神灭论"的正确性，即是反驳了人死鬼魂不死的"有神论"。

由上面的分析可知，独立证明法可以分三个步骤进行：

第一，设立被反驳论题的否定论题，即矛盾论题或反对论题。比如，范缜就设立了"神灭论"这一与被反驳论题相矛盾的论题。

第二，证明该否定论题为真。比如，范缜通过"神即形也，形即神也，形存则神存，形谢则神灭"的严密逻辑证明了"神灭论"这一矛盾论题为真。

第三，根据矛盾律证明被反驳论题为假。矛盾律要求，互相矛盾或反对的两个判断不能同真，必有一假。既然被反驳论题的矛盾或反对论题为真，那么被反驳论题就必然为假了。范缜就是这样证明了人死鬼魂不死的"有神论"为假的。

独立证明法的反驳过程可以表示如下：

被反驳论题：A

否定论题：非A

证明：非A真

结论：A 假

所谓归谬法，就是先假定被反驳论题为真，再由此推出荒谬的结论，从而确定被反驳论题为假的反驳方法。比如，《解颐赘语》中有一则故事：

> 有一个人信佛，所以坚决反对杀生。他告诉人们："一个人在今世杀了什么，来世就会变成什么。在今世杀一只鸡，来世就会变成一只鸡；在今世杀一头牛，来世就会变成一头牛；即使在今生踩死了一只蚂蚁，来世也会变成一只蚂蚁。"一个叫许文穆的人听了说："那干脆去杀人吧，这样来世就能变成人了。"

这则故事中，许文穆就是运用归谬法来反驳"一个人在今世杀了什么，来世就会变成什么"这一论题的。再比如，《世说新语》中有一则故事：

> 孔文举年十岁，随父到洛。时李元礼有盛名，为司隶校尉。诣门者，皆俊才清称及中表亲戚乃通。文举至门，谓吏曰："我是李府君亲。"既通，前坐。元礼问曰："君与仆有何亲？"对曰："昔先君仲尼与君先人伯阳有师资之尊，是仆与君奕世为通好也。"元礼及宾客莫不奇之。太中大夫陈韪后至，人以其语语之，韪曰："小时了了，大未必佳。"文举曰："想君小时必当了了。"韪大踧踖。

这则故事中，孔文举也是运用归谬法来反驳"小时了了，大未必佳"这一论题的。

由上面的分析可知，这一归谬法的显著特点即是"以子之矛，攻子之盾"。它可以分三个步骤进行。

第一，假定被反驳论题为真。比如，许文穆就是假定"一个人在今世杀了什么，来世就会变成什么"这一论题为真；孔文举则是假定"小时了了，大未必佳"这一论题为真。

第二，由被反驳论题推导出一个荒谬的结论。比如，许文穆由假定为真的被反驳命题推导出了"今世杀了人，来世也能变成人"的荒谬结论；孔文举则由假定为真的被反驳命题出发，推导出"太中大夫陈韪小时必当了了"，言下之意就是说他现在"不佳"了。

第三，根据充分条件假言推理的否定后件式推出被反驳论题为假。也就是说，如果被反驳命题为真，那么其结论必为真；既然结论为假，那么被反驳命题也必为假。上面两个故事中，许文穆和孔文举都是以此来证明对方的论题为假的。

如果用 A 表示被反驳论题，用 B 表示由被反驳论题推导出的结论，归谬法的反驳过程就可以表示为：

被反驳论题：A

反驳的论据：假定 A 真

如果 A，则 B，

非 B，

所以，非 A。

此外，归谬法还有一种形式，即从被反驳的论题推出一个与之相矛盾或反对的论题，从而证明原论题的虚假性。

报上曾载有这么一个故事：

顾颉刚是章太炎的学生，他从欧洲留学回来后，特意去拜访自己的老师章太炎。与老师聊天时，顾颉刚几次三番地强调凡事只有亲眼见到才可靠。章太炎便笑问道："你有曾祖父吗？"顾颉刚讶异道："我怎么会没有曾祖父呢？"章太炎笑道："那么，你可曾亲见过你的曾祖父？"

章太炎的言下之意就是，既然你没亲见过你的曾祖父，而你的曾祖父又是必然存在的，这就是说没有亲眼见到的事也可能是可靠的。这就得出一个与原论题相反的论题，据此可证明"凡事只有亲眼见到才可靠"是虚假论题。

归谬法与独立证明法并不相同：首先，前者是从被反驳论题推出一个荒谬结论，或者推出一个与之相矛盾或反对的论题，后者则是先设立一个被反驳论题的矛盾或反对论题；其次，前者是通过反驳的方式达到归谬的目的，后者是通过论证的方式达到求真的目的。

反驳论据

反驳论据就是论证对方的论据为假的反驳方法。论据是证明论题的证据，失去了论据的论题就站不住脚。这正如杯子是喝茶的器皿，没有了杯子，茶水就会洒落一地。所以，要想证明一个论题的虚假性，反驳其论据是一个重要的方法。

要反驳对方的论据，一般可从两个方面入手。

（1）指出对方的论据为假。这是最直接，也是最有效的反驳方法。如果不能直接指出其论据为假，能指出其论据不必然为真也可以达到反驳的目的。比如：

小文和小丹是幼儿园同学。一天，小丹对小文说："我要当月亮，不当太阳，因为太阳一定很害怕月亮。"小文问道："为什么啊？"小丹笑着说："因为太阳只敢在白天出来，晚上月亮一出来，它就跑了。"小文说："不对，应该是月亮害怕太阳才是。"小丹问道："那又为什么呢？"小文笑道："因为月亮只敢在夜里出来，早上太阳一露头，月亮就吓得没影了。"

　　这则幽默中，小丹和小文证明其论题的论据都是虚假的，要想反驳他们的论题，只要指出他们的论据为假即可。

　　（2）指出对方的论据不足。有时候，对方的论据可能都是真的，这时要对其进行反驳，就要从其论据是否充足入手。比如，"守株待兔"故事中的那个宋国人只凭偶然捡到撞在树上死去的兔子就得出"每天都可以在那里捡到兔子"的结论，显然是犯了论据不足的错误。

　　需要注意的是，论据的虚假并不代表论题的虚假。因为，有可能论题是真实的，只是人们在用论据证明论题时，选用的论据是虚假的。所以，论据为假并不必然推出论题为假，驳倒了论据也不等于驳倒了论题。比如：

　　弟弟问哥哥："为什么白天看不见星星呢？"

　　哥哥想了想说："因为它们晚上眨了一夜的眼睛，到了白天就累了，所以回去睡觉了。"

　　在兄弟俩的对话中，哥哥用以证明"白天看不见星星"的论据显然是假的，但驳倒了这个论据并不等于驳倒"白天看不见星星"

这一论题。因为，在白天，用肉眼的确是看不到星星的，这个论题并不是假的。

反驳论证方式

反驳论证方式就是论证论据和论题之间没有必然的逻辑关系，从而证明由论据推不出论题的反驳方法。我们前面讲过，论证方式是指逻辑论证过程中采用的推理形式或论题和论据之间的联系方式。所以，反驳论证方式就是确定论证过程中采用的推理形式有误或者论据与论题之间没有必然联系。驳倒了论证方式，就证明了论证过程的无效。比如：

所有获诺贝尔文学奖的作品都是优秀作品，

他的作品是优秀作品，

所以，他的作品获得了诺贝尔文学奖。

这个推理违反了直言三段论第二格"前提中必须有一个是否定"的规则，所以该推理形式是错误的。也就是说，在论证"他的作品获得了诺贝尔文学奖"这一论题时，运用的论证方式是错误的，即由两个已知前提并不必然推出这一结论。因此，"他的作品获得了诺贝尔文学奖"这一论题并不必然为真。

我们前面说，驳倒了论据不等于驳倒了论题，同样，驳倒了论证方式也不等于驳倒了论题。因为，论证方式有误只是说明论据与论题之间没有必然的逻辑关系，或者说该论题没有用与其有必然联系的真实论据来证明，这并不代表论题一定为假。比如，上面的推理中，"他的作品获得了诺贝尔文学奖"这一论题就可能是假的，也可能是真的。

反驳的几种方法并不是各自独立、互不相容的。相反，它们是互相补充、相辅相成的。因为，反驳作为逻辑论证的一种形式，其论证过程有时候是极为复杂的，而反驳的各种方法又各有各的长处和短处。所以，在实际运用中，只有将几种方式综合起来运用，才能更有效地反驳虚假论题。

论证的规则

在逻辑论证过程中，不管是论题的确定、论据的选择还是论证方式的运用，都必须遵守一些共同规则。

关于论题的规则

论题是进行逻辑论证的目的，不管是证明一个论题还是反驳一个论题，都必须遵守两条规则。

1. 论题必须明确

正如射箭时必须要瞄准靶心，进行逻辑论证时也一定要明确论题，因为论题是关于"论证什么"的问题。如果连要"论证什么"都不清楚，就好比启程赶路时不知道目的地在哪儿，是无法进行有效论证的。论题必须明确，就是要求在逻辑论证过程中，论题要清楚、明白、确定，不管是证明什么还是反驳什么，在概念的表达以及判断的断定上都必须明确。比如，如果要论证"正义一定能战胜邪恶"这一论题，就要明确什么是"正义"，什么是"邪恶"。否则，就会犯"论题不明"的逻辑错误。看下面一则故事：

约翰非常善于心算，遇到很多复杂的运算，他都能很快地给出答案。时间长了，约翰就不免骄傲起来。为了避免约翰因为骄傲自大而忘乎所以，父亲决定给儿子一点儿教训。他把约翰叫到面前，说要测试一下他的心算能力。约翰满口答应。父亲开始出题了："一辆载有 352 名乘客的列车到达 A 地时，上来 85 人，下去 32 人；到下一站时，上来 45 人，下去 103 人；再下一站上来 61 人，下去 25 人；接下来的那个车站里上来 88 人，下去 52 人。"父亲越说越快，约翰却毫不在乎，一副胸有成竹的样子。"火车继续行驶"，父亲接着说，"到 B 地时，从车上下去 73 人，上来 26 人；下一站下去 28 人，上来 39 人；再下一站……到达 C 站时，又从车上下去 75 人，上来 51 人。"父亲说到这里停下来，约翰问道："没了？"父亲点点头说道："没了，不过我不想让你告诉我车上还有多少人，我想让你告诉我这列火车一共经过了多少站。"约翰一下子傻在那里。

从逻辑学上讲，"父亲"的论题是模糊不清的，但他也正是利用这一点告诉约翰人不能太骄傲了。不过，在逻辑论证中，我们却必须保证论题的明确性。这就要求我们不但要在思想上对所论证的论题有正确的认识，而且在语言表达上也能准确地表述出来。

2.论题必须同一

明确论题后，在逻辑论证的过程中，还要保证论题前后同一，这也是同一律的基本要求。论题必须同一就是要求论证过程中，所有的论据都要围绕同一个论题，既不能"偷换论题"，也不能

"转移论题"。关于这点，我们在讨论"违反同一律的逻辑错误"时已做论述。

在"偷换论题"或"转移论题"时，有两种常见情况：

一是"论证过多"，即后来"偷换"或"转移"的论题在断定的范围上大于原论题。比如，本来是论证"网络游戏对孩子的危害性"这一论题的，但后来却变成论证"网络对孩子的危害性"，这就犯了"论证过多"的错误，违背了"论题必须同一"的规则。

此外还有一种情况，就是在论证过程中，抛开要论证的论题转而对提出该论题的人进行评判。这在政治、学术论辩中不乏其例。我们常说的"对事不对人"，其实就是告诫人们不要犯这种"以人为据"的错误。从形式上看，这种逻辑错误也属于"论证过多"。

二是"论证过少"，即后来"偷换"或"转移"的论题在断定的范围上小于原论题。比如，本来是论证"人性中的善与恶"这一论题的，后来却将其局限在"社会"或"战争"等特定范围内加以论证，这就犯了"论证过少"的逻辑错误。

需要注意的是，对于比较宏大的论题，往往会将其先分为几个分论题进行论证，然后再论证原论题的真假，这并不违反"论题必须同一"的规则。比如，要论证"中国的综合国力日益强大"这一论题时，就可以从政治、经济、军事、科技等各个方面进行论证。

关于论据的规则

论据是用来论证论题的证据或理由，要对一个论题进行有效论证，也必须遵守有关论据的一些共同规则。

1. 论据必须真实、充足

论据真实是进行逻辑论证的基础，因为逻辑论证的过程就是由真实的论据证明或反驳论题的真实性的过程。如果论据的真实性没有确定，这就好比驾车去目的地时车的安全性没有确定一样，是无法对论题进行有效论证的。比如，"大学毕业生低收入聚居群体"被称为"蚁族"，如果要证明"蚁族"是属于弱势群体，就要搜集能证明其"弱势"的真实证据，而不是凭经验或推测得来的证据。

此外，在论据真实的情况下，还要保证论据的充足。只有具备真实且充足的论据，才能论证论题必然为真或必然为假。比如，要证明"蚁族"是属于弱势群体，不能仅根据他们住"集体宿舍"这一证据来证明，还要从收入低、数量大、流动性强等各方面加以论证。

对论据真实、充足的规定是充足理由律的基本要求，如果论据不真实或不充足，就会犯"论据（理由）虚假"或"论据（理由）不足"的逻辑错误。对此，我们在讨论"违反充足理由律的逻辑错误"时已做过论述。

2. 论据的真实性不能靠论题来证明

论据是用来证明论题的，它的真实性必须确定。在论证过程中，如果用论题来证明论据的真实性，就会犯"循环论证"的逻辑错误。所谓"循环论证"，一般是指论题和论据建立在同一内容上，或者说论题和论据互相证明。"循环论证"其实等于什么都没有论证。

比如：

月亮是会运动的，因为它是从东方升起，从西方落下。

月亮之所以能从东方升起，从西方落下，是因为月亮是会运动的。

在这个证明过程中，对"月亮是会运动的"这一论题进行证明时，用的是"它能从东方升起，从西方落下"这一论据；在对"月亮能从东方升起，从西方落下"这一论题进行证明时，用的是"月亮是会运动的"这一论据。论题和论据建立在同一内容上，犯了"循环论证"的逻辑错误。

Chapter 5

悖论：

上帝也有办不到的事

第一节　开篇话"悖论"

所谓悖论，就是在逻辑上可以推导出互相矛盾的结论，但表面上又能自圆其说的命题或理论体系。其特点即在于推理的前提明显合理，推理的过程合乎逻辑，推理的结果却自相矛盾。悖论也称为"逆论"或"反论"。

悖论的含义

"悖论"一词来自希腊语，意思是"多想一想"。英文里则用"paradox"表示，即"似是而非""自相矛盾"的意思，这实际上也是悖论的主要特征。

如果我们用 A 表示一个真命题为前提，在对其进行有效的逻辑推理后，得出了一个与之相矛盾的假命题为结论，即非 A；相反，以"非 A"这一假命题为前提，对其进行有效的逻辑推理后，也会得出一个与之相矛盾的真命题为结论，即 A。那么，这个 A 和非 A 就是悖论。简言之，如果承认某个命题成立，就可推出其否定命题成立；如果承认其否定判断成立，又会推出原命题成立。也就是说，悖论就是自相矛盾的命题。

悖论的产生一方面是逻辑方面的原因。实际上，悖论就是一种特定的逻辑矛盾。这主要是因为构成悖论的命题或语句中包含着一个能够循环定义的概念，即被定义的某个对象包含在用来对它定义的对象中。简单地说就是，我们本来是用 A 来定义 B 的，但 B 却包含在 A 中，这样就产生了悖论。悖论产生的另一原因是人们的认识论和方法论出现了问题。悖论也是对客观存在的一种反映，只不过是人们认识客观世界的过程中，所运用的方法与客观规律产生了矛盾。

具体地讲，悖论的产生有以下几种情况。

第一，由自我指称引发的悖论。所谓自我指称，是说某一总体中的个别直接或间接地又指称这个总体本身。这个总体可以是语句、集合，也可以是某个类。而自我指称之所以能引发悖论，就是因为"自指"是不可能的。德国哲学家谢林就曾说过："自我不能在直观的同时又直观它进行着直观的自身。"比如，当你在"思考"的时候，你不可能同时又去"思考"这"思考"本身；当你在"远眺"的时候，你不可能又同时去"远眺"这"远眺"本身。我们曾提到的"所有克里特岛人都说谎"这一悖论就是因自我指称引发的，因为说这话的埃匹门尼德本人也是克里特岛人。试想，如果这一命题是克里特岛人以外的人做出的，那就不会引发悖论了。再比如 20 世纪初英国哲学家罗素提出的"集合论"悖论也是自我指称引发的，即 R 是所有不包含自身的集合的集合。那么，R 是否包含 R 本身呢？如果包含，R 本身就不属于 R；如果不包含，由规定公理可知，R 本身是存在的，那么 R 本身就应属于 R。这就出现了一个悖论。因为集合论的兼容性是集合论的基础，而集合论的基本概念又已渗透到数学的所有领域，所以，这一悖论的提出极大地震动了当时的数学界，动摇了数学的基础，造成了第三次"数学危机"。后来，罗素将这一悖论用一种较为通俗的方式表达了出来，即"理发师悖论"，也叫"罗素悖论"，它与"集合论"悖论是等同的。因为自我指称可能引发悖论，所以学术界出现的许多理论都是通过禁止自我指称来避免悖论的。不过，也有研究者认为，自我指称不是悖论产生的充分条件或必要条件，禁止自我指称并不能从根本上解决悖论问题。比如，美国逻辑学家、哲学家克里普克就认为"自我指称与悖论形成没有关系，经典解悖方案中不存在任何对自我指称的限制"。但究竟如何，似乎直到现在也没有定论。

第二，由引进"无限"引发的悖论，即通过在有限中引进无限而引发了悖论。比如，公元前 4 世纪，古希腊数学家芝诺提出了一个"阿喀琉斯悖论"。因此，你永远无法到达你要去的地方，甚至根本无法开始起行。

第三，由连锁引发的悖论，即通过一步一步进行的论证，最终由真推出假，得出的结论与常识相违背。"秃头"悖论就是其中之一：如果一个人掉一根头发，不会成为秃头；掉两根头发也不会，掉三根、四根、五根也不会；那么，这样一直类推下去，即使头发掉光了也不会成为秃头。这就引发了悖论。对于这一悖论，也有人这样描述：只有一根头发的可以称为秃头，有两根的也可以，有三根、四根、五根的也可以；那么，这样一直类推下去，头发再多也会是秃头了。

与"秃头"悖论相似的还有一个"一袋谷子落地没有响声"的悖论，即一粒谷子落地没有响声，两粒谷子落地也没有响声，那么；三粒、四粒、五粒……如此类推下去，一整袋谷子落地也没有响声。

第四，由片面推理引发的悖论，即根据一个原因推出多个结果，不管选择哪个结果都可以用其他结果来反驳。这种悖论更多地表现为诡辩。

《吕氏春秋》中有一段记载：

> 秦国和赵国订立了一条合约："自今以来，秦之所欲为，赵助之；赵之所欲为，秦助之。"居无几何，秦兴兵攻魏，赵欲救之。秦王不悦，使人让（责备）赵王曰："约曰：'秦之所欲为，赵助之；赵之所欲为，秦助之。'今秦欲攻魏，而赵因欲救之，此非约也。"赵王以告平原君，平原君以告公孙龙。公孙龙曰："可以发使而让秦王曰：'赵欲救之，今秦王独不助赵，此非约也。'"

在这里，公孙龙在对待秦赵之约时就使用了诡辩。同样一个条约，却引出了两个完全相反的结果，而且各自从自身角度出发都能自圆其说，这就是由片面推理引发的悖论。

此外，引发悖论的原因还有很多，比如由一个荒谬的假设引发的悖论：如果 2+2=5，等式两边同时减去 2 得出 2=3，再同时减去 1 得出 1=2，两边互换得出 2=1；那么，罗素与教皇是两个人就等于罗素与教皇是 1 个人，所以"罗素就是教皇"。由于 2+2=5 这个假设本就是错误的，因此即使推理过程再无懈可击，其结论也是荒谬的。

悖论的作用

人们曾经一度把悖论看作一种诡辩，认为其只是文字游戏，没什么意义。但是，悖论的产生已经几千年了，几乎与科学史同步。这足可证明自悖论产生以来，人们就一直在对其进行探索与研究。18 世纪法国启蒙运动的杰出代表、哲学家孔多塞就曾说："希腊人滥用日常语言的各种弊端，玩弄字词的意义，以便在可悲的模棱两可之中困扰人类的精神。

可是，这种诡辩却也赋予人类的精神一种精致性，同时它又耗尽了他们的力量来反对这虚幻的难题。"

随着现代数学、逻辑学、哲学、物理学、语言学等的发展，人们也越来越认识到悖论对于科学发展的推动作用。历史上的许多悖论都曾对逻辑学和数学的基础产生了强烈的冲击，比如"罗素悖论"就引发了第三次数学危机，而这些冲击又激发出人们更大的求知热情，并促使他们进行更为精密和创造性的思考。人们的这些努力也不断地丰富、完善和巩固着各学科的发展，使它们的理论更加严谨、完美。

同时，人们也一直在寻找解决悖论的方法，在这个过程中，人们提出了许多有意义的方案或理论。比如，罗素的分支类型法、策墨罗·弗兰克的公理化方法以及塔尔斯基的语言层次论等。这些方案或理论不仅对解决悖论有着积极作用，也给人们带来了全新的观念。

第二节　阿喀琉斯与龟——芝诺悖论

芝诺哲学可以明智，它通过逻辑的训练让我们无限拓展思维的深度和广度。我们可以说逻辑学是研究思维、思维的规定和规律的科学，但是我们更应该明白，哲学和逻辑，无处不在。时至今日，当我们试图在哲学的浩繁卷帙中撷取沧海一粟时，也不得不回望历史，将我们的目光聚焦于古希腊那个璀璨的轴心时代。古希腊哲学家芝诺就曾经提出过一些著名的悖论，对以后数学、物理概念产生了重要影响，芝诺悖论就是其中的一个。

阿喀琉斯是古希腊神话中善跑的英雄，传说他的速度可以和豹子相比。在他和乌龟的竞赛中，他的速度为乌龟速度的 10 倍，乌龟在前面 100 米跑，他在后面追，但他不可能追上乌龟。因为在竞赛中，追者首先必须到达被追者的出发点，当阿喀琉斯追到 100 米时，乌龟已经又向前爬了 10 米，于是，一个新的起点产生了；阿喀琉斯必须继续追，而当他追到乌龟爬的这 10 米时，乌龟又已经向前爬了 1 米，阿喀琉斯只能再追向那个 1 米。就这样，乌龟会制造出无穷个起点，它总能在起点与自己之间制造出一个距离，不管这个距离有多小，但只要乌龟不停地奋力向前爬，阿喀琉斯就永远也追不上乌龟！

中国古人也有相似的例子来表述这个"悖论"，即著名的"一尺之捶，日取其半，万世不竭。"这个句子出自《庄子·天下篇》，是由庄子提出的。

一尺长的木头，今天取其一半，明天取其一半的一半，后天再取其一半的一半的一半，如是"日取其半"，总有一半留下，所以"万世不竭"。简单地说，每次取一半的话，第一次是1/2，第二次是原长的1/4，第三次是原长的1/8……分子永远是1，分母都是平方数，到最终分母虽然会很大，但毕竟不是零，所以说"万世不竭"。一尺之捶是一个有限的物体，但它可以无限地分割下去。

这些结论在实践中是不存在的，但是在逻辑上却无可挑剔。芝诺甚至认为："不可能有从一地到另一地的运动，因为如果有这样的运动，就会有'完善的无限'，而这是不可能的。"如果阿喀琉斯事实上在T时追上了乌龟，那么，"这是一种不合逻辑的现象，因而绝不是真理，而仅仅是一种欺骗"。这就是说感官没有逻辑可靠。他认为："穷尽无限是绝对不可能的。"芝诺悖论涉及运动学、认识论、数学和逻辑学问题，在历史上引起了长久的思索，至今仍保持着理论上的魅力。

第三节　我正在说的这句话是谎话——说谎者悖论

作为一级学科的哲学下面还分很多子学科，逻辑学可以说是其中最难的一种，因为它所涉及的素材，并不是我们直观可见的东西，它所尊崇的是纯粹抽象的元素。但是，逻辑也没有那么困难，因为它所面对的自始至终都只是我们自己的思维。思维的边界在哪里，逻辑的疆域就在哪里。

但是，逻辑并不仅仅意味着对于思维技巧的训练。从更宽广的向度上说，逻辑因为思维而显得更加高贵。然而，我们的思维也会欺骗我们。比如，当有人告诉你他正在对你说谎时，你该怎样判断自己获取信息的可信性呢？好在这只是一个逻辑学上的问题。

"我正在说的这句话是谎话。"

这也许是最简单的一个悖论，但却仍然是无解的悖论。公元前4世纪的希腊哲学家欧几里得提出的这个悖论，至今还在继续困扰着哲学家、数学家和逻辑学家。因为，如果你说它是真话，那么按照话的内容分析，它就应该是一句谎话；反过来，如果你说它是谎话，由于它说自己在说一句谎话，当然它就应该是一句真话了。那么，这句话到底是真话还是谎话呢？这就是著名的说谎者悖论。

类似的悖论最早是在公元前6世纪出现的，当时克里特岛哲学家埃匹门尼德曾说过："所有克里特岛人都说谎。"这句话就有两种理解。假如说他的话是对的，那么作为克里特岛人的埃匹门尼德就是在说谎，他的话就是错的。反之，假如说他的话是不对的，那么克里特岛也有人不说谎，他的话也是错的。因而，无论怎样都无法自圆其说。仅这一点就足以使人们感到惊讶了。

说谎者悖论还有许多变化形式。例如，在同一张纸上写出下列两句话：下一句话是谎话。上一句话是真话。或者写出一连串的"下一句话是真话；下一句话是真话；……"最后标明："第一句话是谎话。"

更有趣的是下面的对话。同学甲对他的朋友乙说："你下句话要讲的是'不'，对不对？请用'是'或者'不'来回答！"如果乙回答"是！"，这就表明他同意了问话人的预言。也就是他要讲的是"不"，因此他的回答是与自己的本意相矛盾的。如果乙回答"不！"，这就表明他不同意问话人的预言，他就应当回答"是"，这又与自己的本意相矛盾。究竟如何回答，这是数学家正在研究但尚未解决的问题。

这类悖论的一个标准形式是：如果事件 A 发生，则推导出非 A，非 A 发生则推导出 A，这是一个自相矛盾的无限逻辑循环。哲学家罗素曾经认真地思考过这个悖论，他说："那个说谎的人说，'不论我说什么都是假的'。事实上，这就是他所说的一句话，但是这句话是指他所说的话的总体。只是把这句话包括在那个总体之中的时候才产生一个悖论。"罗素试图用命题分层的办法来解决这个问题，但是事实证明，从数学基础的逻辑上彻底地解决这个悖论并不容易。

第四节　理发师的招牌——罗素悖论

我们为什么需要逻辑学？很简单，因为我们心中对于真理常怀着温情与崇敬。

真理，每当我们思及自己是在走向通往它的路上，就会自然生出无限动力。一个思维健全，精神上有所追求的人，很难不对真理抱有高度的热忱。然而，我们心向往之的东西，可能犹不可得。人的理性何其有限，真理的疆域又是何其广阔，不思考，我们将何所凭借？但是更多的时候，我们以为自己接近真理了，最后却发现走在与它渐行渐远的路上。"一个科学家所碰到的最倒霉的事，莫过于在他的工作即将完成时却发现所干的工作的基础崩溃了。"说这话的人，正是因为碰到了下面的这个悖论。

1874 年，德国数学家康托尔创立了集合论，并很快渗透到数学的大部分分支中，成为数学最重要的基础理论之一。1902 年，英国数学家、哲学家罗素提出了一个悖论对集合论进行质疑，这个悖论就是著名的"罗素悖论"，形象一点称为"理发师悖论"。

罗素曾用数学符号很详细地描述过这个悖论，但是考虑到对普通人来说这个用符号表示的悖论形式也许不太好理解，罗素举了一个形象的例子来说明它，即著名的理发师悖论：

　　　　萨维尔村理发师挂出了一块招牌："村里所有不自己理

发的男人都由我给他们理发，我也只给这些人理发。"于是有人问他："您的头发是谁理的呢？"理发师顿时哑口无言。

如果他给自己理发，那么他就属于自己给自己理发的那类人。但是，招牌上说明他不给这类人理发，因此他不能自己理发。如果由另外一个人给他理发，他就是不给自己理发的人。但是，招牌上明明说"他要给所有不自己理发的男人理发"，因此，他应该自己理。由此可见，不管怎样推论，理发师所说的话总是自相矛盾的。

罗素悖论的出现，震动了当时的数学界。当时，德国的著名逻辑学家弗里兹正准备将他关于集合的基础理论完稿付印，得知罗素悖论后，只好推迟了出版计划，并伤心地说出了上文曾提及的那句话："一个科学家所遇到的最不合心意的事，莫过于在他的工作即将结束时，其基础崩溃了。罗素先生的一封信正好把我置于这个境地。"

罗素悖论带来了所谓的"第三次数学危机"，但是此后，为了克服罗素悖论，数学家们做了大量研究工作，由此产生了大量新成果，也带来了数学观念的革命。看来悖论不仅能给人带来前进道路上的困惑，也能提供前进道路上的动力。

第五节　康德的梦——二律背反

哲学以思想为对象，以追求真理为目标。可是，既然每一个人都能够思考，那为什么还要研究哲学呢？的确，我们每人、每天都要面对繁芜的世界，有着这样那样的计较和考量。但是，正如物质有高下之分一样，思维也有自己划分层次和水平的依据。这一依据，就是我们能够在多大程度上运用思维，探讨超感官的世界，而探讨这超感官的世界亦即遨游于超感官的世界。这种精神意义上的崇高追求滋养了我们的心灵，提升了我们生存的品质，完善了人之为人的基本价值。

思考着的人是高贵的，康德正是高贵的思考者之一。

有一次，康德做了一个奇怪的梦。

在梦中，他独自划船漂到了南非一个荒芜的岛上，他在海上远远就看见那岛上有两根高耸入云的石柱，于是想凑近去看个究竟，谁知道刚一靠岸就被岛民给抓住了。没等开口，那些人的首领就告诉康德：如果说的是真话，就要被拉到真话神柱前处死，如果说的是假话，就要被拉到假话神柱前被处死。反正是死路一条了。

康德想了一想，说："我一定会被拉到假话神柱前被处死！"

如果康德说的是真话，他应该在真话神柱前被处死，可按照他的话又应该在假话神柱前被处死。反之，如果康德说的是假话，他应该在假话神柱前被处死，可按照他的话又应该在真话神柱前被处死。于是，岛民们傻眼了。他们犹豫了很久，最后不得不把康德给放了。

岛民们要杀康德，完全还可以再立一根石柱，专门杀说悖谬话的人，或者杀说真假难定的话的人。实际上，在现实中，很多话很难简单地说它是真话还是假话。非真即假的思维方式是非常幼稚的。康德的梦至少说明了人类的理性并不是清晰明确的，在很多时候会陷入自相矛盾的陷阱。据说，康德醒来后受到启发，写出了《纯粹理性批判》中关于"人类理性二律背反"的章节，指出了人类的理性并不可靠。

二律背反是康德的哲学概念。简单解释起来，二律背反意指对同一个对象或问题所形成的两种理论或学说虽然各自成立但却相互矛盾的现象。纯粹理性的二律背反的发现在康德哲学形成过程中具有重要意义，它使康德深入到对理性的批判，不仅发现了以往形而上学陷入困境的根源，而且找到了解决问题的途径。康德将二律背反看作是源于人类理性追求无条件的东西的自然倾向，因而是不可避免的，他的解决办法是把无条件者不看作认识的对象而视之为道德信仰的目标。虽然他对二律背反的理解主要是消极的，但他亦揭示了理性的内在矛盾的必然性，从而对黑格尔的辩证法产生了深刻影响。

第六节　聪明的母亲——鳄鱼悖论

人生在世，财富、地位皆可追求，但真正决定我们生存价值的，是我们如何评价思想的力量。人类只是会思考的苇草而已，我们的思想可能只是主观的、任意的、偶然的，而并不是实质本身，并不是真实的和现实的东西。但我们也应该看到，最终区别我们的是我们精神的高度，而精神的内在核心则是思想。人类只有一种方式接近自己心中的上帝，就是思考、思考、再思考。因为这是我们突破自身局限，走入他人心灵的唯一凭借。在这种意义下，思想不仅仅是单纯的思想，而且是把握永恒和绝对存在的最高方式。

在古希腊哲学家中，流传着一个著名的"鳄鱼悖论"：

从前，一条鳄鱼从一位母亲手中抢走了一个小孩。鳄鱼对母亲说："你猜我会不会吃掉你的孩子？如果你答对了，我就把孩子不加伤害地还给你。"

这位可怜的母亲说："我猜你是要吃掉我的孩子的。"

于是，这条鳄鱼正准备吃掉孩子，可是突然发现自己碰到了难题。如果吃掉这个孩子，那这位母亲就猜对了，就应该把孩子还给她。可是，如果孩子还给她，那她猜错了，就应该吃掉孩子。这条鳄鱼无奈，只好把孩子交还给母亲。

事实上，无论鳄鱼怎么做，都必定与它说的话相矛盾。它陷入了逻辑悖论之中，无法不违背它的承诺而从中摆脱出来。反之，如果这位母亲回答说："你将要把孩子交回给我。"那么，鳄鱼无论怎么做都是对的了。如果鳄鱼交回小孩，母亲就说对了，鳄鱼也遵守了诺言。如果鳄鱼吃掉小孩，母亲猜错了，鳄鱼就可以吃掉小孩而不违背承诺。

这是一个十分经典的悖论。聪明的母亲找到的答案使鳄鱼的前提互不相容。逻辑实际上并没有我们想象的那样晦涩艰深，这样一个经典悖论同样可以运用到我们的现实生活中来。我们在现实生活中常常会预设这样那样的前提，使得应者不论做出怎样的回答，都能得出我们理想的结论。在我们不自觉地运用逻辑的时候，我们又何尝不是在思维的快感中享受精神上的巨大满足呢？

第七节　所有的乌鸦都是白的——渡鸦悖论

思维，而不是想象、幻觉、心理，之所以能够作为逻辑学的研究对象，其理由也许是基于这样一个事实，即我们承认思维有某种权威，承认思维可以表示人的真实本性，是划分人与禽兽的关键。从事这种逻辑的研究，无疑有其特别的用处，我们可以借此使人头脑清楚，有如一般人所常说，也可以教人练习集中思想，练习作抽象的思考。在日常的意识里，我们所应付的大都是些混淆错综的感觉的表象。但是在做抽象思考时，我们必须集中精神于一点，借以养成一种从事于考察内心活动的习惯。

诚然，我们尚可超出狭隘的实用观点说：研究逻辑并不是为了实用，而是为了这门科学的本身，因为探索最优良的东西，并不是为了单纯实用的目的。但是，我们也应该有勇气和智慧洞见这样一个事实：最优良的东西往往最有用，比如科学。但是，我们奉为圭臬的科学结论在逻辑上真的严密到无懈可击吗？

现代科学的经验基础是实验，也就是说实验是检验科学理论的根本性标准。做几十次或者上百次实验，如果都证明一个结论是正确的，就可以初步认为这个结论是科学的。即，自然科学是通过有限次数的实验来检验命题真伪的。比如说，对"乌鸦都是黑的"这个结论，只能找上若干只乌鸦来验证，不可能把所有的乌鸦都找来验证。退一步讲，就算把所有活着的乌鸦都找来验证，也不能把死了的和没有出生的乌鸦找来验证。

20世纪40年代，德国哲学家亨普尔提出了著名的"渡鸦悖论"，又叫"乌鸦悖论"，来攻击自然科学的这种检验情况。从逻辑学上看，"乌鸦都是黑的"和"所有非黑的东西都非乌鸦"是相等的，就是说验证了一个就验证了另一个，否定了一个就否定了另一个。那么，按照自然科学的检验方式，就出现了下面的论证：

一只鞋是蓝色的，不是黑的，不是乌鸦；

一朵花是红色的，不是黑的，不是乌鸦；

一根烟囱是灰色的，不是黑的，不是乌鸦；

所以，所有非黑的东西都非乌鸦。

由于"乌鸦都是黑的"和"所有非黑的东西都非乌鸦"是相等的，所以乌鸦都是黑的。

实际上，相同的事实也可以证明"乌鸦都是白的"——

一只鞋是蓝色的，不是白的，不是乌鸦；

一朵花是红色的，不是白的，不是乌鸦；

一根烟囱是灰色的，不是白的，不是乌鸦；

所以，所有非白的东西都非乌鸦。

由于"乌鸦都是白的"和"所有非白的东西都非乌鸦"是相等的，所以乌鸦都是白的。

显然，这样的证明是非常荒唐的——一只鞋子的颜色怎么能证明乌鸦都是黑的呢？

第八节　上帝举不起的石头——全能悖论

如果说哲学是对存在的追问，那么逻辑一定是这种追问的工具。在逻辑中，有一种可以推导出互相矛盾之结论，但表面上又能自圆其说的命题或理论体系——悖论。悖论的成因虽然十分复杂，但它的出现往往是因为人们对某些概念的理解认识不够深刻正确所致。

在中古时代的欧洲，人类理性和思辨的火花仅存于教会所办的学校，也就是经院之中。那时的哲学，正是以神学的姿态面对世界的。但是，自从哲学试图摆脱神学的那一刻起，对于上帝是否全知全能的争论就从未停止过。全能的创造者可以创造出比他更了不起的事物吗？这一直是哲学上著名的悖论之一。

安瑟伦是中世纪著名的经院哲学家，被称为"最后一位教父"和"第一位经院哲学家"。他宣称上帝是全能的，无所不知，无所不能。他不仅认为上帝的存在是超然的和不可辩驳的，仅仅从"上帝"这个概念就可以推出上帝的必然存在。他同时认为上帝是我们凡人无法理解的。他称赞上帝说"主啊，我并不求达到你的崇高顶点，因为我的理解能力根本不配与你的崇高相比"。

安瑟伦从"上帝"观念的意义出发分析出上帝必定存在

且全能的方式从一开始就遭到了人们的反对。当时，有位法国僧侣高尼罗对他的这种观点进行了反驳。在《为愚人辩》中，高尼罗问安瑟伦："上帝能否创造一块他自己举不起的石头？"

这是一个很简单的问题，但却是个非常难以回答的问题。因为不论怎么回答，都会陷入困境。如果上帝是万能的，就应该能够创造一块这样的石头。但是，如果上帝创造出一块这样的石头，他又举不起这块石头，那他就不是万能的。所以，高尼罗说："或者上帝能创造一块自己举不起来的石头；或者上帝不能创造一块自己举不起来的石头，总之，上帝不是万能的。"

安瑟伦陷入两难困境，无法回答高尼罗的问题，"上帝万能说"因此被动摇了。

上帝究竟能不能创造出自己举不起的石头呢？如果说能，上帝遇到一块"他举不起来的石头"，说明他不是万能；如果说不能，那么既有不能之事，同样说明他不是万能。这是用结论来责难前提，是逻辑学领域最广为流传的悖论形式之一。当然，古往今来，人们都试图在这一问题上给出合乎逻辑的完美回答，其中最普遍的一个是：既然上帝是全能的，那么"不能举起"理所当然是毫无意义的条件。任何形式的回答都指出这个问题本身就是矛盾的，就像"正方形的圆"一样。这种解答你能够认可吗？

第六章

Chapter 6

谬误：

人生处处有陷阱

第一节 开篇话"谬误"

"逻辑谬误"区别于我们日常生活中所说的"谬误"，它并不是简单的荒谬和错误，而是指推理论证过程中的错误，只有放在推理和论证过程中去考量一个结论的正确性时，我们才称之为"逻辑谬误"。

谬误的含义

谬误的研究在逻辑学的发展过程中曾经遭受过极端的冷落，甚至曾经被从逻辑学的教材中删除，然而逻辑谬误的重要性最终还是得到了众多学者的认可。重视逻辑应用的学者更是对逻辑谬误给予礼遇，如今逻辑谬误的研究已经扩展到诸多领域，受到了多学科学者的关注。逻辑谬误的研究已经成为逻辑学向前发展的重要助推力量，它不断激发着人们对逻辑学的兴趣和热情，丰富着逻辑学的内涵和外延。

我们日常生活中所说的谬误一般是广义的谬误，广义的谬误是指：错误、差错。比如说某人对某件事情的判断出现错误，这种错误属于认知性错误，并不存在逻辑问题，它的对错是显而易见的，就如把某个动植物的名字叫错一样，它或许只是知识性的错误。

马克思主义认识论指出，谬误是同客观认识及事物发展规律相违背的认识；真理是符合事物发展规律的认识，是对客观事物本来面目的正确反映。谬误则是违背事物发展规律的认识，是对客观事物本来面目的歪曲反映。真理和谬误在一定范围内是绝对对立的，真理不是谬误，谬误不是真理。二者有着原则的界限，不能混淆。但是真理与谬误之间又存在相互依存的关系，事物在真理与谬误的斗争中发展，又在一定条件下相互转化。然而马克思主义认识论所指的"谬误"也并非逻辑学上的"逻辑谬论"，逻辑学要研究的谬误属于狭义的谬误，是指那些违反逻辑规律和规则的各种错误。它常常出现在那些看似正确具有说服力，却往往经不起认真地推敲、辨别和论证的事情上。

"谬误"一词缘起于拉丁语，英文为 Fallacy，原有"阴谋""欺骗"等意，现发展为我们今天所普遍理解的意思。"谬误"一词广泛存在于中外学者的著作中，汉代王充《论衡·答佞》："聪明有蔽塞。推行有谬误，今以是者为贤，非者为佞，殆不得之之实乎？"

清代蒲松龄《聊斋志异·青梅》："妾自谓能相天下士，必无谬误。""谬误"一词在西方逻辑学的著作中出现也极早，在两千多年前的古代逻辑学著作中便有出现。古希腊哲学家亚里士多德有许多论述谬误的著作，他在《谬误篇》中说道："谬误主要分为两大类，一类是依赖于语言的谬误；一类是不依赖于语言的谬误。"当代瑞士哲学家波亨斯基认为亚里士多德《谬误篇》中提到的谬误理论是其第一个关于谬误的学说，其后亚里士多德又相继提出了其他关于谬误的观点。

"谬误"在中国古代的逻辑学中被称为"悖"，有"惑、违背道理"的意思，那些有意识地用谬误的推理形式来证明某个观点的正确性被叫作诡辩。在中国古代的典籍中有许多关于诡辩的记载。

　　"诡辩"一词在我国最早出现于汉代刘安《淮南子·齐谷训》中："诋文者处烦扰以为智，多为人危辩。久稽而不决，无益于讼。"这句中的"人危辩"即是诡辩。其后，《史记·屈原贾生传》中又有："（靳尚）设诡辩于怀王之宠姬郑袖。"

　　在西方哲学史上黑格尔是第一个对诡辩论做系统批判的哲学家。他曾经指出："'诡辩'这个词通常意味着以任意方式，凭借虚假的根据，或者将一个真的道理否定了，弄得动摇了；或者将一个虚假的道理弄得非常动听，好像真的一样。"黑格尔的这段话，清晰地揭露了诡辩论有意颠倒是非、混淆黑白的特点。

　　诡辩在外表上、形式上好像是运用正确的推理手段，但实际上是违反逻辑规律，做出似是而非的推理，是一种"逻辑谬误"。

　　那么什么是"逻辑谬误"呢？逻辑谬误是指一些推理和论证看似正确、具有很强的说服力，但却经不起仔细的分析，当人们经过认真的推敲之后会发现其推理和论证形式是错误的。

　　逻辑学在最初形成的时候，谬误研究便成为逻辑学不可或缺的一部分，是逻辑学研究的重要内容。许多逻辑学家、哲学家、语言学家、社会学家、心理学家等都曾涉足谬误的研究，为此付出心血，提出了诸多不同的谬误理论，为逻辑学的研究提供了宝贵的资源。

　　谬误研究如今已经成为应用逻辑学持久关注的课题。

当代逻辑谬误的研究呈现出综合化、多元化的趋势，各种理论精彩纷呈。系统的谬误理论主要有谬误的形式论、谬误的语用—辩证论、谬误的语用论和谬误的修辞论。具体的谬误形式则更多，据说有学者曾经概括出多达 113 种的具体谬误形式。现今谬误理论正逐渐向更深层次发展，理论基础与框架也正在逐步构建与完善中，以期以理论框架来指导和论证谬误，同时梳理与澄清诸多混杂的概念术语。当代谬论研究的愿景和目标便是构建成熟的谬误论证理论和体系，同时用来指导人们的日常生活。

每种逻辑谬误产生的原因都是不同的，想要有效地去预防和避免谬误就要求我们有一定的逻辑谬误知识。我们需要熟悉谬误的不同种类，针对它们的不同特点采取措施加以规避。

针对不同的逻辑谬误我们可以采取不同的对策。

规避形式谬误：我们需要熟悉各种推理形式的逻辑规则，了解它的相应有效式，在实际生活中经常去运用，进行思维锻炼，逐渐熟练掌握。只有这样，我们在生活中才能迅速地判断出各种形式谬误，准确规避形式谬误。

规避歧义性谬误：在用语言表达思维和交流的过程中，我们需要保持语言的确定性和清晰性。要保持语言所使用的概念和判断的准确。

规避关联性谬误：要避免把心理因素与逻辑因素混为一谈，保证在推理和论证过程中严格遵循逻辑规则进行逻辑推导，切记不能把心理因素特别是感情因素掺杂进推理和论证的过程中。

规避论据不足的谬误：我们需要把注意力集中到推理或论证

过程中论据对论题的支持程度上。必须确切判明论据的有无或多少，明确它对论题成立所起的支撑，以及对论题的支持和确认程度，以此来识别和警惕那些似是而非的错误推理或论证，避免论据不充足的谬误出现。

日常生活中谬误可以说无处不在，任何人在生活中的思维和表达都可能遭遇到谬误的问题。谬误与诡辩毕竟是逻辑和真理的对立物和大敌，在生活中我们只有学习和了解了谬误的知识，才能更好地去辨别是非真假。

谬误的种类

谬误的种类很多，根据谬误的不同特点可以将谬误归为不同的类型。关于谬误类型的划分有很多种，有学者将其分为语义谬误、语形谬误和语用谬误；归纳谬误和演绎谬误，形式谬误和非形式谬误。

语义谬误、语形谬误和语用谬误

此种划分是根据逻辑符号学的相关原理进行分类的。具体按谬误产生于符号运用的语义、语形和语用三方面而对其进行的分类。

语义谬误包括语词的歧义谬误和语句的歧义谬误等。语义谬误产生于对符号的运用过程中，是由于表达式的意义方面的原因而引起的各种谬误，在一个句子中出现的同一个词表达意思可能是完全不一样的。

所谓的语形谬误是指符号的运用过程中，产生于符号之间关系方面的谬误，是由于推理形式的错误而导致的谬误。

而语用谬误是同语言的使用者和语境密切关联的一种谬误，产生于符号与解释者之间关系的谬误。

归纳谬误和演绎谬误

这是按谬误产生的推理的不同对谬误进行的分类。人们在观察、实验、调查和统计过程中收集经验材料；在分析、综合、概括、类比和探索事物现象间的因果联系等过程中产生的谬误称之为归纳的谬误。像观察谬误、机械类比都属于此种谬误。

演绎谬误是人们在思维的过程中运用演绎推理的各种形式和手段时，不遵循相应的规律所导致的种种谬误。它出现在演绎的过程之中。

形式谬误和非形式谬误

"形式谬误"和"非形式谬误"是目前学术界较为常用的分类方法。这是按照其是否违背推理形式的逻辑规则来进行的分类。

所谓"形式谬误"，是演绎上的谬误，在逻辑上推理和论证是无效的，是由于推理形式不正确而产生的错误。

1. 不当否定后件式

不当否定后件式是在充分条件假言推理中通过否定前件来否定后件。如果 p 则 q，非 p，所以，非 q。例如：张三谋杀了李四，则他是一个恶人；张三没有谋杀李四，所以他不是一个恶人。这个推理显而易见是不能成立的，在这个事件的推理中，谋杀行为可以使某人成为恶人，但是一个人之所以为恶人有许多其他可以成立的条件，作恶的形式也自然是多种多样，因此"张三没有谋杀李四"并不能确定其不是恶人。

2. 肯定后件式

肯定后件式是在充分条件假言推理中通过肯定后件来肯定前件。如果 p 则 q，q，所以，p。例如：如果宋青是个书虫，那么他会经常读书；宋青经常读书，所以宋青肯定是一个书虫。这显然也是无效的推理，宋青经常读书可能是因为他是编辑，这是他的工作，这并不能说明他一定就是热爱读书的书虫。

3. 条件颠倒式

条件颠倒式是任意地调换假言推理的前后件。如果 p 则 q，所以如果 q 则 p。例如：如果 x 是正偶数，则 x 是自然数，所以，如果 x 是自然数，则 x 是正偶数。从数学常识来判断，不言自明。

4. 不正确逆否式

如果 p 则 q，所以，如果非 p 则非 q。例如：如果今年风调雨顺，粮食就会大丰收。所以，如果不是风调雨顺粮食就不会大丰收。这也是不成立的，除了风调雨顺可以使粮食丰收之外，灌溉、施肥等也可能使粮食获得大丰收。

5. 不当排斥

不当排斥是在相容的选言判断中通过肯定部分选言来否定另一部分。或者 p 或者 q；p，所以，非 q。例如：康熙或者是皇帝或者是清朝人，康熙是雄才伟略的皇帝，所以，康熙不是清朝人。

6. 中项不周延

例如：有些医生是强盗，有些强盗是政客，所以，有些医生是政客。

7. 大项不当周延

一个三段论大项在前提中不周延，在结论中周延了。例如：鸽子是鸟类，乌鸦不是鸽子，所以，乌鸦不是鸟类。

8. 小项不当周延

一个三段论中小项在前提中不周延，在结论中周延了。例如：所有新纳粹分子都是激进主义者，所有激进主义者都是恐怖分子，所以，所有恐怖分子都是新纳粹分子。

9. 强否定

强否定是从对一个联言判断的否定到对每个联言肢的否定。例如：并非李明既会武术，又会舞蹈，所以李明既不会武术，也不会舞蹈。

10. 弱否定

弱否定是从对一个选言的否定推出至少否定一个选言肢。例如：并非小张或者喜欢钓鱼，或者喜欢打牌，所以小张或者不喜欢钓鱼，或者不喜欢打牌。

11. 无效换位

在此种情况下换位推理应当是限量的，如果不限量，则成为无效换位。例如：所有的诗人都是作家，所以所有的作家都是诗人。

12. 非此即彼

非此即彼是从一个全体判断的假，推出一个全体判断的真。例如：并非所有的女孩都喜欢漂亮衣服，所以所有的女孩都不喜欢漂亮衣服。

13. 差等误推

差等误推是根据一个全称的判断的假，推出一个特殊称谓判断的假。例如：并非所有的病毒都是有害的，所以并非有的病毒是有害的。

所谓的非形式谬误是与形式谬误相对而言的。概括地说，非形式谬误是指一种不确定的推理与论证，是由于推理过程中语言的歧义性或者前提对结论的不相关性或不充分性造成谬误的产生，而非它具有无效的推理形式。它是依据语言、心理的因素从前提得出的，并且这种推出关系是不成立的。

非形式谬误又包括：歧义性谬误、关联性谬误、论据不足谬误。在非形式谬误的这三种种类中又细分为多种谬误形式，比如歧义性谬误中的概念混淆、构型歧义、错置重音、分举合举。

歧义性谬误是指我们在日常生活中在与人交流时，用语言表达我们自身的观点和思想的过程中，所用语言的确定性和明晰性不能得到有效的保证，也就是在某一确定的语言环境下，使自身运用的语言所使用的概念、判断的确定性丧失，而产生的种种谬误。关联性谬误是指那些论据包含的信息看起来与论题的确立有关但真实上却是无关的，由此而引起的种种谬误。一般地说，关联性谬误都与语言和心理有关，但在逻辑上无关，是与语言心理为相关前提而产生的。它多数利用语言表达感情的功能，以语言激发起人们心理上的同情、怜悯、恐惧或敌意等，致使人们接受某一论题。

在非形式谬误中，论据不足谬误也是一大谬误种类。它是由于论据不够充分所导致的论题不成立的错误论证。它也分为很多种，包括以偏概全谬误、以全概偏谬误、以先后为因果谬误、因果倒置谬误、虚假原因谬误等多种谬误种类。

第二节　假乞丐乞讨——诉诸怜悯

在电视剧、小说中经常会有这样的场景，某人跪地求饶，说道："我上有八十岁老母，下有三岁孩童，我死了他们可怎么办呢？可怜了我的老母亲和孩子啊，孤苦无依，还望饶恕小人一条狗命！"这种场景在我们现在看来似乎已是十分老套，不过是些骗人把戏，以诉说可怜来博取同情求得活命的低级伎俩。

其实上边的这个场景，便是典型的诉诸怜悯。诉诸怜悯谬误的论证形式是："A 是值得同情怜悯的，所以，关于 A 的命题 P 是对的。"这种论证显然是不合逻辑的，因为前提与结论没有逻辑的相关。结论为真与假，与某人的不幸境况没有关系，人类的同情心不是论断的逻辑理由。在诉诸于怜悯的谬误中，往往便是利用种种方法博得人们的怜悯和同情，最后使人们忽视了原来正当或者正确的论点，从而接受了诉诸者的论题。

在火车站广场上，一名年轻人光着上身，在冰冷的水泥地上趴着，左边的裤管空了一半。右脸贴着地面，前方有一个纸盒，他往前爬一步，就把纸盒往前推一步，天非常冷，他显得十分可怜。很多路过的行人都纷纷往纸盒子里投钱，一毛的、一块的，还有五块的和二十的。就这么一步一爬地转了几圈后，"断腿"男忽然坐了起来，在人来人往的广场上开始穿衣服，原本"断掉"的左腿也露了出来。很快，他穿好了衣裤，拍了拍身上和脸上的尘土，在周围人诧异的目光下，带着他的纸盒子起身走了。

这是在一篇新闻报道中记者描绘的一个场景，这种场景估计很多人都曾经遇到过。让我们同情、怜悯的残疾乞丐其实是一个体格健全的正常人，他只是以身体"残疾"来博取人们的同情，以此骗取钱财。这样的事情让我们大跌眼镜。

在这则新闻中，当记者追问乞讨的年轻人时，他的回答是，觉得干活挣的钱太少，人太累。他以这种方法在一天中"表演"一个多小时，就能挣五六十元，非常自在。其余的时间就是睡觉，去网吧上网、聊天、看电影。他还指望以此赚钱将来娶媳妇。

这个事例中的年轻人以诉诸怜悯的方法引起人们的同情，致使人们产生错误认知，诉诸于怜悯，而拿出钱给他。社会中很多假乞丐便是以这种方法谋取钱财的。

当我们面临在两个陈述中选择相信其中一个时，陈述者的泪水，往往会模糊我们理性思考的视线，那催人泪下的陈述会使感情取代理性的裁决。

某小区有个女人，一天带孩子去买菜的时候，在菜市场被人抢走了孩子。整个事情策划得十分恐怖，让人意想不到。一个老女人突然上来，对带小孩的妈妈哭喊着："你这个不懂事的女人跑到这来了，可算找到你了，狠心的女人啊。"然后，一个长相斯文白净的小伙子上来就给那女人一巴掌，把女人打得晕头转向。继而，他就推那个女的，嘴里说："孩子生着病，你还带出来。"孩子妈妈被打得退后几步，绊倒在台阶上。那个老女人就一边解开童车上的安全带，抱起小孩，一边继续唠叨说："孩子都病成这样了，你还带出来，真是的，哪有这样的妈妈啊！"此时，那个男的就更生气地打小孩的妈妈，小孩子哭个不停。那个男的就跟老女人说："走，赶紧带孩子去医院看病。"于是，老女人抱着孩子，男人骑摩托，就飞快地走了。孩子的妈妈在地上哭喊说不认识他们，结果没有人管，围观的人都以为是家庭内部矛盾。直到骗子都没影了，妈妈哭得都没气了，大家才知道孩子是被人抢走了。这个事件发生时，现场一点都看不出是假的，所有人都以为是家里人在吵架。

事件中犯罪分子除了用了一些狡猾的手段外，还很好地利用了人们的怜悯心理。老女人假装是孩子的奶奶，哭着喊着说孩子生病了，孩子的妈妈还带孩子出来，这便很容易博得旁观人的同情和怜悯。旁观者会以为孩子的妈妈狠心又不懂事，他们就会对孩子起怜悯之心，担心孩子的病情，会觉得奶奶带孩子去看病是理所应当的。同时犯罪分子又出手打了孩子妈妈，孩子被吓得哭起来，旁观者就会更加怜悯孩子，觉得这孩子实在可怜。同时，也进一步确信了来人是孩子的家属，这个问题是家庭内部问题，也不好插手过问。犯罪分子便是利用旁观者的这种怜悯心理，旁若无人地将孩子抱走了。

在面临问题时人们应当理智地去判别，以免让一些坏人有机可乘。

对于"诉诸怜悯的谬误"人们也许还会有一个误解：人们高尚的、不可缺少的同情心怎么也成了荒谬、谬误的东西了？事实上被人们赞美过的、值得赞美的人性绝不是荒谬的，只有将它作为支持某论证、判断的根据时，它才会产生谬误。

第三节 会一直赢下去——赌徒谬误

在农村很多家庭都希望能有一个男孩来传宗接代，如果生了女孩就拼命地再要孩子，总希望下一个孩子是男孩，然而事与愿违，并不是前几个孩子是女孩了下一个就该轮到生男孩。这种做法便是明显的赌徒谬误，其结果是生了一个女孩又一个，过多的孩子给家庭造成了很大的负担，日子也越过越穷。

赌徒谬误是生活中常见的一种不合逻辑的推理方式，认为一系列事件的结果都在某种程度上隐含了相关的关系，即如果事件 A 的结果影响到事件 B，那么就说 B 是"依赖"于 A 的，以为随机序列中一个事件发生的概率与之前发生的事件有关，即其发生的概率会随着之前没有发生该事件的次数而上升。

赌徒谬误又叫蒙地卡罗谬误，蒙地卡罗是摩纳哥公国的一个地区，是世界上著名的赌城。摩纳哥的赌博业本身在世界上就首屈一指，蒙地卡罗在世界赌博业享有极高盛誉。所以，"赌徒谬误"也以这座著名的赌城来命名。

《三国演义》中"关云长义释曹操"早已是家喻户晓的故事，在这一故事中曹操的表现就是一种典型的赌徒谬误。

曹操被火烧战船之后与张辽等突围的将领带领几百名士卒逃窜，但见四处火起，心中不胜凄凉感慨。纵马加鞭，走至五更，回望火光渐远，曹操心里才渐渐安定，心想总算是逃过一劫，大难不死。曹操便问随从："这是什么地方？"随从告诉他："此是乌林的西边，宜都的北边。"曹操见周围树木丛杂，山川险峻，便在马上仰面大笑不止。诸将都感到莫名其妙，就问曹操为何兵败还如此大笑。曹操就说："你们不知道吧，这里是埋伏的好地方，不过你们看现在这里不是没有埋伏吗？我们总算逃脱了，要是有埋伏我们必死无疑。"谁料想到这话刚说完，两边鼓声震响，火光冲天而起，惊得曹操几乎坠马。原来是赵云早就听从诸葛亮的计策在此处埋伏了，曹操慌忙叫徐晃、张辽双敌赵云，自己逃窜而去，费了很大劲总算得以逃脱。

在逃窜途中，天快要亮的时候突然下起了雨，于是曹操就叫将士们在林中避雨休息。这时，曹操坐在疏林之下，又仰面大笑起来。众将便又问："刚才丞相笑周瑜、诸葛亮，以为没有埋伏了，引惹出赵子龙来，又折了许多人马。现在为何又笑？"曹操便又说："我笑诸葛亮、周瑜毕竟智谋不足。若是我用兵时，就这个去处，也埋伏一队人马，以逸待劳；我们纵然留得性命，也不免重伤矣。他们一定没有在这里埋伏。"正说的时候，前军后军一齐大喊，曹操大惊，弃甲上马。原来是张飞早在此埋伏好了。曹操又是赶紧奔逃险些丧命。

总算又逃了十几里，眼看追军已经不见踪影，曹操的老毛病就又犯了，在马上扬鞭大笑。众将问："丞相为何又大笑？"曹操说："人们都说周瑜、诸葛亮足智多谋，现在看来，都是无能之辈。要是在这里埋伏些人马我们必死，你们看这里哪里有埋伏。"他话还没说完，一声炮响，两边五百校刀手摆开，为首大将关云长，提青龙刀，跨赤兔马，截住去路。曹军见了，亡魂丧胆，面面相觑。故事的结局是关云长感激曹操昔日的恩义将其放走了。

在这个故事中曹操三笑周瑜、诸葛亮无能，谁料想三次都险些丧了性命。曹操生性多疑也不免犯了赌徒谬误的错误，随便就以为没有埋伏，放松警惕，还自大狂笑，以为诸葛亮已经用尽了计谋，前面都算计那么好，这里应该不会有埋伏了，掉以轻心，险些因此丧命。如果不是抱着这种侥幸心理，伤亡大概不会那么惨重，一代枭雄也不至于那么狼狈。

在股票、期货市场上，连续几个跌停板之后，有很多投资者就会认为市场会反弹，否极泰来。而且，在期货市场上那些老手更容易陷入赌徒谬误，因为根据老手的经验，市场在几个跌停之后一般会出现反弹，然而并不是每次都会这样的，其实，下次出现"涨"和"落"的概率是一样的。他们的经验在这里是无效的，只是一种表面现象，那些依靠经验在此时买进的股民有可能会输得血本无归。

曾有学者做过一个关于"赌徒谬误"的心理实验。结果发现，在中国资本市场上具有较高教育程度的个人投资者或潜在个人投资者中，"赌徒谬误"效应对股价序列变化的作用占据着支配地位。也就是说，无论股价连续上涨还是下跌，投资者更愿意相信价格走势会逆向反转，他们相信事情不会一直好下去也不会一直坏下去。

实验者选取了共 285 名具有高学历的人进行了"赌徒谬误"的实验。他们主要是复旦大学的工商管理硕士（MBA）、成人教育学院会计系和经济管理专业的学员以及注册金融分析师 CFA 培训学员，均为在职人员，从业经验 4 到 20 年不等。实验过程以问卷调查的形式进行。试验中假设给每个人一万元的资金，让他们投资股市，理财顾问给他们推荐了基本情况几乎完全相同的两支股票，唯一的差别是，一支连涨而另一只连跌，连续上涨或下跌的时间段分为 3 个月、6 个月、9 个月和 12 个月四组。每位投资者给定一个时间段，首先表明自己的购买意愿，在"确定购买连涨股票""倾向购买连涨股票""无差别""倾向买进连跌股票""确定买进连跌股票"5 个选项间做出选择，然后再看他们在各种涨落之间卖出情况的选择。

实验的结果发现：在持续上涨的情况下，上涨时间越长，买进的可能性越小，而卖出的可能性越大，对预测下一期继续上升的可能性呈总体下降的趋势，认为会下跌的可能性则总体上呈上升趋势；反之，在连续下跌的情况下，下跌的月份越长，买进的可能性越大，而卖出的可能性越小，投资者预测下一期继续下跌的可能性呈下降趋势，而预测上涨的可能性总体上呈上升趋势。这个结果表明，随着时间长度增加，投资者的"赌徒谬误"效应会越来越明显。

恐慌、贪婪、欲罢不能、渴望一夜暴富是很多股民都存在的心理，也是那些用大量钱财购买彩票的人的心理。从每天爆满排队开户的新股民和争相买彩票的人可以看出，很多人都在期待着下一次会大涨或者下一次中大奖，渴望一夜暴富。这种赌徒心理，很容易让他们陷入经济和精神的双重危机中。

利欲熏心、侥幸心理、缺乏理性思考是产生赌徒心理的根源。很多贪官、盗贼也都是因为有了赌徒心理而越陷越深、越走越远，最终把自己推向犯罪和死亡的深渊，受到法律的制裁。天网恢恢，疏而不漏，赌徒心理是要不得的。

在生活中，我们要避免赌徒心理的滋长和蔓延。为官者要恪守"为民、务实、清廉"的要求，端正世界观、人生观、价值观，树立正确的权力观，明确为官无论大小，其意义在于依靠群众，想着群众，体察民情，了解民意，集中民智，珍惜民力。为民者要遵守法律道德，不可有侥幸心理，以为偶尔的犯罪行为能逃脱法律的制裁。投资者一定要多学习，理性分析，合理投资，切勿陷入赌徒谬误的误区。

第四节　明星代言——诉诸权威

在封建社会里"君叫臣死，臣不得不死"。强权的威力之下，大臣们没有敢乱说话的，皇帝的话几乎没有人敢反对，在这种君权凌驾于一切权力之上的社会里，自然会有许多诉诸威力的谬误。诉诸威力的谬误，是在论证中，凭借强权、势力甚至武力去威胁、恫吓对方，迫使对方接受自己观点的谬误。

关于诉诸威力的谬误，有着一个非常流行的成语故事"指鹿为马"，出自《史记·秦始皇本纪》。

秦二世时，野心勃勃的赵高日夜盘算着要篡夺皇位，可不知朝中大臣有没有人愿意听他摆布。如何能让大臣听命于自己呢？赵高想出了一个办法，一方面试试自己的威信，另一方面也可以摸清哪些大臣反对自己。

一天上朝时，赵高牵来一只鹿，在朝廷上当着大臣们的面，献给二世皇帝，并指着鹿故意说："这可是一匹好马啊！是我特意献给陛下的。"秦二世说："这分明是鹿嘛！丞相怎么说成马呢！"赵高说："这就是一匹良马，陛下不信，可以问问诸位大臣。"不少大臣们畏惧赵高的权势，害怕他为人阴险，就默不作声；有的为了迎合赵高，就讨好说："这确实是匹宝马呀！"也有一些大臣明确指出："这明明是一只鹿。"事后，那些说是鹿的人，都遭到了赵高的暗算，从此群臣都更加惧怕赵高了。后来，赵高被子婴所杀。

历史向我们证明了诉诸威力是站不住脚的，历史终将还我们以真理，终会将谬误踩在脚下，将真理高高地举过头顶。任何诉诸威力的谬误，都将在滚滚的历史长河中悄然逝去。

第五节 对人不对事——诉诸人身

德国人卢安克，22岁时来华旅游，出于对中国的热爱，留在中国，开始在中国山村从事义务教育。2001年，他来到广西东兰县。他教那里的孩子讲普通话，学文化，他希望通过教育改变这些孩子的命运。卢安克教书不领工资，他的生活费则来自父母的资助以及当年他在德国做体力活赚的钱存到银行获得的利息。卢安克经常帮村民犁田、割禾、打谷，为村民设计脱粒机，教村民改造居住环境，人畜居所分开。

他还用自己的钱为村民修了一条宽0.6米、长不足300米的水泥小路。

卢安克的支教生涯也不是一帆风顺的，他曾因为没有"就业证"就教书被罚款3000元；他的教学方法被人斥责为"不入流"；因为他是德国人，所以，有人怀疑他是德国派来的间谍；他的钱还被房东偷走过；他被怀疑有恋童癖……自从他投身志愿教育，人们对他的猜测和攻击就没有停止过。

然而，卢安克不为所动，坚持生活在广西山村，帮助村民和孩子们。最终村民几乎已忘了他是一个外国人，他们像对待村里人一样对待他，和他打招呼、聊天、开玩笑，他终于赢得了尊敬。

在上边的这个例子中，那些攻击卢安克的人显然就是犯了诉诸人身的谬误，他们试图找出卢安克人格上的不足，对他进行人格侮辱，诋毁他的支教行为。

诉诸人身的谬误是指，当要论证某一个论题真假或者说某一个人所从事的事业、行为所存在的价值的时候，用他个人的品质来说明问题，而不考虑行为的本身，或者，指出对方持有某种观点是因为对方会因此而获利。诉诸人身的极端表现就是恶意诋毁，比如对对方的个性、国籍、宗教进行恶意的攻击。

诉诸人身之所以是谬误的，是因为这个人的个性、处境以及行为（在大多数情况下）与这个人论点的正确与否在逻辑上是无关的。

德国哲学家黑格尔的著作中有这样一个例子。

在街上，一位女顾客对一位女商贩说："喂，老太婆，你卖的鸡蛋怎么是臭的呀！"女商贩听了之后勃然大怒，说："什么？你说什么？我的鸡蛋是臭的？你竟然敢这样说我的蛋？我看你才臭呢！你全家都是臭的！要是你爸爸没有在大路上给虱子吃掉，你妈妈没有跟法国人相好，你奶奶没有死在医院里，你就该为你花里胡哨的围脖买一件合身的衬衫啦！谁不知道，这条围脖和你的帽子是从哪儿来的？要是没有军官，你们这些人才不会像现在这样打扮呢！要是太太们多管管家务，你们这些人都该蹲班房了。还是补一补你袜子上的那个窟窿去吧！"

这个女商贩一连串的攻击就是我们有三寸不烂之舌恐怕也无

还击之力。这个故事大概是黑格尔编出来的，但是却非常形象地道出了那些诉诸人身的谬误的行为。

当在生活中遭遇这种情况的时候我们的应对方法应该是：冷静下来不要争吵，理性地指出这种人身攻击，并说明个人的个性或处境与他观点的正确与否是无关的。

有的时候，当对方论点明显由于他的个人利益有所偏颇的时候，怀疑对方的论点就是一种谨慎的做法，比如烟酒的生产厂家声称吸烟或者喝酒并不会致癌。这时，就应该对这样的论点持谨慎怀疑的态度了，因为做出这样一个论断是有动机的，不管这个论断是否正确，我们都需要有所怀疑。当然，有动机的论断也并不是都值得怀疑的，比如家长告诉孩子把叉子插入插座可能会导致危险，并不能仅仅因为家长有动机去这样说就证明他的说法是错误的。

北宋的太师蔡京是一代奸相，这个论断应该是毫无疑义的，因为历史早有定论。但是我们却不能因为这一定论准确，就把他整个人都否定了。在艺术方面，蔡京还是有很高造诣的，他在书法、诗词、散文等各个艺术领域均有非凡表现。当时的人们常用"冠绝一时""无人出其右者"来形容他的书法，就连狂傲的米芾都曾经表示自己的书法不如蔡京。

北宋苏、黄、米、蔡四大家之中的"蔡"开始时指的就是他，只是后来因为他的人品太差而改成了蔡襄。

北宋变法图强的标志性建筑木兰陂，中国现存最完整的古代大型水利工程之一，就有蔡京的功劳。蔡京是王安石变法的重要支持者，他对木兰陂的筑成起到了极为关键的作用。

木兰陂未筑之前，溪海之水，淡咸不分，遇到大雨就泛滥成灾，根本不长庄稼。蔡京到任之后，积极响应王安石变法的号召，兴修了水利工程，使原来只生蒿草的土地变成肥沃的良田，沃野千里。蔡京的这一事迹，在同时代人方天若的《木兰水利记》中有所记载。这篇文章将蔡京建木兰陂之事第一次真实地透露给世人，对蔡京建陂之初衷持肯定的态度，这种实事求是的态度是值得肯定的。

由于一直以来蔡京奸臣形象的根深蒂固，人们对他的书法艺术和文学作品非常忽视，对于他兴修水利、参与变法的事情更是少有人提及。其实这也是犯了诉诸人身的谬误，即使是大奸大恶之人，他所做出的成绩也是成绩，是客观的事实，我们并不能因为他是奸臣而就不承认他的艺术成就和他的一些客观功绩。

第六节　大家都这样——诉诸众人

　　诉诸众人的谬误是在论证过程中以持某种观点的人数多来代替对该观点实质性的论证而犯的逻辑错误，因为仅以多数人的观点去论证一个论题，所以也叫以多数人的观点为据的谬误。

　　天堂要举办一个特别重要的石油会议，石油大亨们都接到了邀请。有一个石油大亨迟到了，当他推开会议室的大门，发现已经没有他的座位了。他在会议室里转来转去，先来的人丝毫没有给他让座的意思，于是，他眼珠一转，高喊道："地狱里发现石油了！"这一喊不要紧，坐在椅子上的石油大亨们纷纷向外跑去，那位最后来的石油大亨有了足够多的座位。可是，坐了没多久，他也坐不住了，心想，大家都去了，难道地狱里真的发现了石油？他再也坐不住了，匆匆忙忙地也向地狱跑去。

　　石油大亨们的这种盲从行为很像羊群吃草。一群羊在草原上寻觅着青草，它们非常盲目，左冲右撞，杂乱无章。这时，头羊发现了一片肥沃的草地，并在那里吃到了新鲜青草。群羊就紧随其后，一哄而上，一会儿就把那里的青草吃了个干净。

　　诉诸众人的谬误其实就是基于从众心理而产生的盲从现象，也叫"羊群效应"。

心理学家曾做过一个实验：

教授在黑板上画了 A、B、C 三条线，然后又在 A 线旁边画了一条 X 线。A、B、C 三条线互不等长，X 线和 B 线一样长，并且很容易就能看出来。然后他请来十个人。

教授说："请问三条线中哪条跟 X 线一样长？"

教授话音未落，十人中有九个人同声说："A。"

剩下的那个人愣了一下，心想："怎么回事儿啊？明明是和 B 线一样长啊！"但是他没说出来。

这时教授说："好像有人没发表意见，我再问一遍，X 线跟 A、B、C 三条线中哪条等长？"那个刚才没回答的人刚想说话，那九个人又说："是 A。"

没回答的人十分茫然，不知该不该说。

教授又说："好像还是有人没有发表意见，我希望每一个人都要回答。好，我再问一遍，到底这三条线中哪条线跟 X 线一样长？"

那九个人又异口同声地说："是 A，绝对没错！"然后，教授问那个没说话的人："你觉得哪两条线一样长？"这个人犹豫了一下，但还是特别坚定地说："我也认为 A 和 X 一样长。"

为什么那九个人要保持同一个错误口径呢？因为他们是教授的试验助理，也就是说，十个人中只有一个人是事先什么都不知道的，并且这个试验就是要对他进行"从众测试"。同样的试验测试了 100 个人，发现有 38% 的人和第一个被测试者的答案一样。通过这个测试，我们可以得出这样的结论：世界上有相当一部分的人有从众心理。

福尔顿是一位颇有名气的物理学家。在一次研究中，他运用新的测量方法测出固体氦的热传导度。这个结果比人们已知的固体氦的热传导度高出500倍。福尔顿觉得差距这么大，恐怕是自己弄错了，如果公布出去，岂不被人笑话？所以他就没有声张。不久，美国的一位年轻科学家，在实验中也测出了固体氦的热传导度，并且结果同福尔顿的完全一样。

这位年轻科学家可没像福尔顿那样顾虑重重，他公布了自己的结果，并且很快引起了科学界的广泛关注。福尔顿追悔莫及，在给朋友的一封信中写道：如果当时我摘掉名为"习惯"的帽子，而戴上"创新"的帽子，那个年轻人就绝不可能抢走我的荣誉。

福尔顿的所谓"习惯"的帽子就是一种诉诸众人的谬误。可见，诉诸众人的谬误不但会使人丧失创新意识，还能使人丧失成功的机会。

事实上众人的意见未必都是真理，真理有时掌握在少数人手中，而众人的看法有时倒是谬见。然而，众人之见常常对人有一种心理影响，似乎众人之见即真理，这便是一种从众心理，也叫随大流。在实际工作中，人们在处理一些事情时，也往往是凡事要随大流。有从众心理的人往往是盲目从众，从不怀疑，不善于独立思考，即使多数人的意见和方案有缺陷，他也不能及时发现。

在《楚辞·渔父》中有一段讲屈原不同流合污而被放逐的事情：

屈原既放，游于江潭，行吟泽畔，颜色憔悴，形容枯槁。渔父见而问之曰："子非三闾大夫与？何故至于斯？"屈原曰："举世皆浊我独清，众人皆醉我独醒，是以见放。"渔父曰："圣人不凝滞于物，而能与世推移。世人皆浊，何不淈其泥而扬其波？众人皆醉，何不哺其糟而歠其醨？何故深思高举，自令放为？屈原曰："吾闻之，新沐者必弹冠，新浴者必振衣。人又谁能以身之察察，受物之汶汶者乎？宁赴湘流，葬于江鱼之腹中，安能以皓皓之白，而蒙世俗之尘埃乎！"渔父莞尔而笑，鼓枻而去，乃歌曰："沧浪之水清兮，可以濯吾缨；沧浪之水浊兮，可以濯吾足。"遂去，不复与言。

这是《楚辞》里边的篇章，是说屈原在众人皆醉的时候一个人保持清醒。在多数人都不认为事情应该那样做的时候屈原却能够坚持自己的观点，这其实便是"诉诸众人的谬误"的反证。

不过，有的时候不诉诸众人也是需要一定的勇气的，因为不诉诸众人往往就要付出被众人排斥的代价。屈原的仕途本来是很顺畅的，二十几岁时就受到楚怀王的信任，先后做过左徒和三闾大夫的官职，地位相当显赫。他"入则与王图议国事，以出号令；出则接遇宾客，对应诸侯"，一度成为楚国内政外交的关键人物。可就是因为他不愿意与奸佞之人同流合污而遭到谗害，过了二十多年的流浪生活，最后投江自杀。

还有北宋大文豪苏轼，虽饱读诗书，满腹经纶，却是"一肚皮不合时宜"，无论旧党还是新党上台，他都不讨好。与当权者发生冲突，结果先被贬为黄州（今湖北黄冈）团练副使，后又辗转就任于颍州、扬州、定州的地方官，最后被贬到岭南、海南岛。虽然在宋徽宗即位后，被允许北归，但终因长期流放，一病不起，最后死于常州。

生活中需要有一些怀疑精神，即使大多数人都认为对了，自己也要认真地思考论证，真理有时候并不一定掌握在多数人手中。克服从众心理的影响，避免陷入"诉诸众人的谬误"，激发创新意识、独立精神，有助于做出具有独创性的决策，推动事业的健康发展。

第七节　登徒子好色吗——不相干论证

楚国大夫登徒子在楚王面前说宋玉的坏话，他说："宋玉这个人长得英俊潇洒，又能言善辩，最主要的是这个人贪恋女色，希望大王不要让他出入后宫。"楚王拿登徒子的话去质问宋玉，宋玉说："臣容貌俊美，是天生的；善于言词，是从老师那里学来的；至于贪恋女色，实在是没有这样的事。"楚王说："你说不贪恋女色有什么理由吗？有理由讲就留下来，没有理由就离去吧。"

于是，宋玉给出了这样的一个理由，以证明自己不好色："天下的美女没有谁比得上楚国女子，楚国美女又没有谁能超过我家乡的女子之美的，而我家乡最美丽的姑娘还得数我邻家之女。邻家之女，增一分太高，减一分太矮；涂上脂粉嫌太白，施加朱红嫌太赤；眉毛如翠鸟之羽毛，肌肤像白雪莹洁剔透；腰身纤细如裹上素帛，牙齿整齐犹如小贝；嫣然一笑，足以迷倒阳城和下蔡一带的所有人。就是这样一位绝色女子，趴在墙上窥视臣三年，至今臣还没答应和她往来。登徒子却不是这样，他的妻子蓬头垢面，耳朵挛缩，嘴唇外翻而牙齿参差不齐，弯腰驼背，走路一瘸一拐，还患有疥疾和痔疮。这样一位丑陋的妇女登徒子都喜欢得不行，还生了五个孩子。请大王明察，究竟谁是好色之徒呢？"

宋玉用这种方法实在是很高明的，他的一席话马上就让楚王相信他是不好色的，而认为登徒子是个实实在在的好色之徒。其实仔细去分析宋玉的话我们会发现，他所列举的理由虽勉强可以证明自己不好色，却证明不了登徒子好色。登徒子不弃丑妻，生了五个孩子，这和他好色与否是没有必然的逻辑关系的。结婚生子乃天经地义、人之常情，是不能以此证明登徒子好色的。宋玉的辩解显然是存在"不相干论证"的谬误。

我们都知道，在历史上的长平之战中，赵王因任用了只会纸上谈兵、不懂得变通的赵括为主将，从而导致了赵国的惨败。而实际上，在赵王起用赵括的时候，赵母就曾劝谏赵王不要用她的儿子，在赵王一再坚持的情况下，她只好说如果赵括兵败不能把责任推给她，结果正如赵母担心的，赵括大败。

赵王的思维逻辑其实就是犯了不相干论证的错误，他以赵奢的才干来推断其儿子的才干显然是错误的，这两者并不存在必然的关系，从赵奢的才干是不能推出赵括也有相同的才干的。赵王要知道赵括的能力是要从他的日常行为，从他带兵的情况和对兵法的掌握等技术上去考量，而不应以其父亲为论证的依据。

能臣良将的后代不一定是能臣良将，奸恶小人的后代不一定就是奸恶小人。

秦桧是历史上著名的卖国贼，遭到众人的唾弃，他的曾孙秦钜却是一位抗金名将。南宋嘉定十四年二月，金兵南侵攻破了黄州。三月，十万金兵抵达蕲州城下。当时的蕲州通判就是秦桧的曾孙秦钜。秦钜很不同于秦桧，他文武兼备，素有报国救世之心。初到任上时，他见蕲州城墙不修，武备松弛，就与新任知州李诚之商量加强战备，训练军队，整修城墙和防御工事，囤积粮草和军用物资，以防金军入侵。到金兵南侵时，蕲州已经是森严壁垒，众志成城。秦钜指挥全军人马奋力死战，前赴后继，坚持月余，杀伤金兵数以万计。可是城中兵力越来越少，弹药等兵器已消耗殆尽，而宋军的援兵始终未到，蕲州终于还是被金兵攻破了。部下劝秦钜化装成老百姓逃走，但是秦钜却坚持抗争到底，最后与家人一起投到熊熊大火中为国捐躯。

所以，我们在判断一个人的时候要从他自身的品德和能力去判断，并不能简单地从他的身世去考量，那样显然是"推不出"的。

不相干论证又叫"推不出"，是指在论证的过程中论据和论题之间违反推理的原则所造成的逻辑谬误。另外也有因论据虚假事理上推不出的情况。

李静和李姝是一对双胞胎姐妹。父亲节时，老师让大家写一篇关于"父亲"的作文。等作文收上来后，老师却发现她俩的文章竟然一字不差。于是老师就问李静："为什么你的文章和李姝的一样呢？"李静答道："因为我们是同一个父亲，而且我们是双胞胎啊！"

这则故事中，李静和李姝是"同一个父亲"且是"双胞胎"，都是真实的理由，但这两个理由与"作文一样"却没什么关系，因而犯了"推不出"的逻辑错误。

不同人种在体质上存在着很大的差异，所以在不同的运动领域里就会有各自擅长的项目。比如，黑人的身体耐力强，在长跑等力量速度型的运动项目上便占优势，但我们很少见到他们在游泳池中有什么太突出的表现。而我国运动员较适合技巧性强的运动，在力量、速度等方面不占优势，故而乒乓球、体操、跳水等项目很强。足球运动是力量、速度与技术的结合体，所以从人体科学角度讲，我们在足球方面的劣势，有先天的不足，而有人把这些归结于高考制度显然是很荒谬的逻辑。并不是简单地改革了高考制度，加强了身体素质训练，增强了体质，就能让国足在世界上处于领先地位的。

第八节 《圣经》证实神的存在——循环论证

有一个高中的政治老师，每次在讲政治选择题的时候，都只会念答案，从不解释答案为什么是对的，为什么是错的。当学生问老师的时候，该老师就依据答案中的正确选项，说因为那个选项是正确的，所以其他选项是没有根据的，是错误的。

学生对此很无奈，但是也无话可说。

这样的老师真是误人子弟。其实这个政治老师采取的这种解释方法在逻辑谬误中就属于循环论证谬误。

循环论证是论证谬误的一种，当辩论者为支持自己的某项主张所提供的新的论据，其实是旧主张新瓶装旧酒的重复时，就是犯了"循环论证"的谬误。"循环论证"之所以被认为是谬误，是因为在论证过程中，它把论证的前提当作了论证的结论，即所谓的"先定结论"。

有人在论证神的存在时说："《圣经》上说神存在，由于《圣经》是神的话语，所以《圣经》必然正确无误，所以神是存在的。"显然，对神存在持怀疑态度的人也同样会质疑其前面的假设，还会继续追问《圣经》为什么是正确无误的。这是一个很浅显的例子，根本蒙混不过去，这里只是为了更通俗地说明循环论证的谬误。

大卫·休谟是 18 世纪苏格兰著名的哲学家，他在《论神迹》用以推翻神迹的论点，经常被认为是十分狡猾的循环论证的例子。在《论神迹》一文中他这样解释道："……我们可能会总结认为，基督教不但在最早时是随着神迹而出现的，即使是到了现代，任何讲理的人都不可能在没有神迹之下会相信基督教。只靠理性支撑是无法说服我们相信其真实性的，而任何基于信念而认同基督教的人，必然是出于他脑海中那持续不断的神迹印象，得以抵挡他所有的认知原则，并让他相信一个与传统和经验完全相反的结论。"在论证过程中，休谟提出了几点论据，且每一个论据都指向了"神迹只不过是一种对于自然法则的违逆，即使是神迹也不能给予宗教多少理论根据"的这一论点。也是因为这样的认识，在《人类理解论》一书中，他给神迹下了这样的定义：神迹是对于基本自然法则的违逆，而这种违逆通常有着极稀少的发生概率。可以看出，在检验神迹论点之前休谟便已假设了神迹的特色以及自然法则，也因此构成了一种微妙的循环论证。

除了像休谟这种大哲学家所提出的这种高深的例子，日常生活中还有很多小的事情也会犯循环论证的错误。比如说当父母误解孩子的时候，父母是不确定孩子是否真的做错了事情的。但在批评孩子的时候，父母会说："瞧瞧你，怎么没有一点羞愧的意思，不知道自己错了吗？"事实上如果孩子没有错，自然是不会有羞愧的意思的。

在一篇文章中看到过这样一段话："几个朋友一起去饭

店吃饭，当一盘色、香、味俱全的糖醋鱼上桌的时候，鱼嘴却能张合，鱼鳃还会扇动，我们都很好奇，对此非常不解，于是就问经理这是怎么一回事，鱼都已经烧熟为什么嘴和腮却还会动弹呢。经理解释说，这是因为这里的厨师是做鱼的名师，厨艺十分精湛，所以有的时候鱼熟了，上桌了，鱼嘴和腮却还在动。甚至有时候吃得只剩下骨架了鱼嘴还能张合。我们被经理的这一番话说得乐了起来，全然忘了我们问的是鱼嘴为什么是动弹的。"

在这里，经理实际上是犯了循环论证的错误。"我们"问经理："鱼都已经烧熟为什么嘴和腮却还会动弹呢？"经理本来是应该告诉消费者具体是什么原因造成的这样一个结果。可是经理说的却是另外一回事，经理抬出的理由是：因为厨师的烹饪技艺高超。这个回答虽然彰显出酒店的档次，但实际上并没有回答出问题的所在。它仍然是重复说明了要求解释的现象：熟鱼为什么会张嘴动腮。对于为什么，他仍没有在道理上加以解释。

在日常的文章书写中我们也很容易出现循环论证的错误。比如在论述"建设社会主义和谐社会"的论文中有一个学生这样写道："为什么说建设社会主义和谐社会是当务之急呢？因为建设社会主义和谐社会是当前国家建设中最迫切的任务，因此，我们必须把建设社会主义和谐社会作为当前一项重要任务来抓，只有这样社会主义和谐社会才能建立起来。"

在该学生的这段议论中，论题、论据、结论，说来说去都是那么几句话，其实都是在重复"建设社会主义和谐社会重要"，但是并没有说出为什么重要，实际上是一种"同义反复"。很显然，这个学生犯了"循环论证"的错误。在学生日常的议论文写作中这种错误实际上是经常出现的，只是有的不太明显，往往被忽略。由于学生知识面窄，同时对相关知识的掌握又有限，因此，在他们议论一件事情的时候往往找不到合理的论据，但又必须证明自己的论点，于是便出现了循环论证的谬误。循环论证的谬误在我们的初中、高中几何学论证中也常常出现，在一些考试中，当学生实在论证不出来一些题目，情急之下便会对一些要求证的结论预先假设其正确，最后又求证出来。这看似是论证出来了，实则是犯了"循环论证"谬误。

我们需要注意的是，循环论证的论点在逻辑上是成立的，因为结论可能完全与其前设相等，故结论并非其前设之推论。所有循环论证都必须在论证过程中，假设其命题已经是成立的。所以亚里士多德把循环论证归纳为实质谬误，而非逻辑谬误。现在学术界习惯把循环论证归于逻辑谬误的范畴。

第九节　一言兴邦，一言丧邦——错误引用

定公问："一言而可以兴邦，有诸？"孔子对曰："言不可以若是其几也。人之言曰：'为君难，为臣不易。'如知为君之难也，不几乎一言而兴邦乎？"曰："一言而丧邦，有诸？"孔子对曰："言不可以若是其几也。人之言曰：'予无乐乎为君，唯其言而莫予违也。'如其善而莫之违也，不亦善乎？如不善而莫之违也，不几乎一言而丧邦乎？"

上边这段话出自《论语·子路》篇，翻译成现代文大概意思是：鲁定公问："一句话就可以使国家兴旺，有这样的说法吗？"孔子回答说："话不可以这样说啊。不过，人们说：'做国君很难，做臣下也不太容易。'如果真能知道做国君的艰难，知道谨言慎行为国家着想，不就近于一句话可以使国家兴旺了吗？"鲁定公又问："一句话就可以使国家灭亡，有这样的说法吗？"孔子回答说："话也不可以这样说啊。不过，人们说：'我做国君没有别的快乐，只是我说什么话都没有人敢违抗我，我说什么算什么。'如果说的话正确而没有人违抗，不也很好吗？如果说的话不正确而没有人违抗，不就近于一句话可以使国家灭亡了吗？"

一言兴邦，一言丧邦，听起来有点玄乎，一句话难道有这么厉害吗？其实这话看似夸张，细想还是有大道理的。一句话的错

误有时候可以导致一件事情的失败，在战争中或者商业中一句话往往起到关键性的作用。所以说人们在运用语言的时候一定要谨慎，尤其当转达和引用别人的话时，一定要注意不能有丝毫错误，否则贻害甚大。

《论语》中有许多语句现今都被错误地引用，给人们造成很多误解。《论语·泰伯》篇有这样一句话："民可，使由之；不可，使知之。"它的意思是："如果这个人可以造就，有发展前途，就创造条件让他自由发展，否则，就只让他明白一般的道理就可以了。"其实，孔子表达的意思是前者，只有那样才符合孔子因材施教的教育思想。后者仅仅是封建社会的愚民思想，封建统治者大肆引用这句话无非是为了稳定他们的统治。正确地理解掌握孔子的这句话对于我们理解孔子的教育思想会有很大帮助。为人父母更要深刻理解这句话，它对于如何教育孩子健康成长、使之成才有着重大意义。

梁启超曾说："史料为史之组织细胞，史料不具或不确，则无复史之可言。"由此可见，史料是研究历史和从事历史教学的前提和基础。因此对于一些和历史学相关的纪录片、电影、新闻、教学等一定要注意史料的正确引用，否则不仅会歪曲事实、误人子弟，还会使相关个人和媒体的权威遭到质疑。

《世界上最遥远的距离》据说是泰戈尔的名作，这首爱情诗由于情感的真挚感人而广泛流传，然而这首诗的真正作者却存在着很大的争议。

泰戈尔是印度的大诗人，在中国有着广泛的影响，写出这样的诗自然属于正常，很少有人会怀疑。然而，有网友拿此诗与泰戈尔的《飞鸟集》对照检索，却并没有找到这首诗，而且，《飞鸟集》收录的都是两三句的短诗，不可能收录这么长的诗。那也可能仅仅是出处有误，本着严谨的精神，人们继续追查泰戈尔的其他作品，在《新月集》《园丁集》《边缘集》《生辰集》《吉檀迦利》等泰戈尔所有的诗集中均没有找到这首诗。

与这首广泛流传的诗最相近的版本是出自张小娴之手。她的小说《荷包里的单人床》里有一段："世界上最遥远的距离，不是生与死的距离，不是天各一方，而是，我就站在你面前，你却不知道我爱你。"后来有记者采访张小娴证实，这几句确实是她个人的原创，只是后边是由别人续写的。

网络流行之后，书籍、文字的传播交流方便了很多，然而一些不经考证的错误也日益多了起来。无独有偶，电影《非诚勿扰Ⅱ》中有一首据传是仓央嘉措的诗也是错误引用。

片中李香山的女儿在父亲临终前的人生告别会上朗诵了一首名为《见与不见》的诗，该诗被传说是仓央嘉措所作，其实和电影所宣称的歌词改编自仓央嘉措《十诫诗》的片尾曲《最好不相见》一样，它们都只是网上盛传而已，实际并不是仓央嘉措的作品。

经媒体的调查证实，《见与不见》的作者其实是现代人，诗的实际名为《班扎古鲁白玛的沉默》，作者是一个广东女孩。而《最好不相见》是网友将仓央嘉措的诗改编添加而成的，并非原作。所以在引用别人的话时，一定要严谨，对于出处、内涵一定要弄清楚，字句一定也要和原文完全相符，避免错误引用。